KB233489

환경
교육운동가를
만나다

환경교육운동가를 만나다

(사)환경교육센터 기획 · 장미정 글

이담 Books

환경교육운동가

이 책의 인세는 전액 환경교육운동기금으로 사용됩니다.

이 책은 장미정(2011)의 박사학위논문의 일부를 재구성한 것이다. 이 책에서 활용된 구술기록은 2010년 1월부터 12월까지 (사)환경교육센터에서 수행한 ≪아름다운재단≫, <변화의 시나리오, 아카이브 부문> 지원 사업의 결과물로 작성된 것으로, 본 연구에서는 공익적 목적의 연구 자료로 활용되었다. 본문에 사용된 구술 기록의 원본은 ≪아름다운재단≫에 기증되었고, 구술자와 연구자와의 동의하에서 공개될 수 있다.

글 싣는 순서

PART 01. 지구촌 환경위기

1장 들어가며 ▪ 9

PART 02. 환경교육운동가를 만나다

2장 환경교육운동가의 생활세계 ▪ 21
    1. 구술자와 만나기 ▪ 22
    2. 운동가 이전의 생활세계 ▪ 26
    3. 환경운동가, 환경교육운동가 되기 ▪ 37
    4. 환경교육운동의 구현, 새로운 도전 ▪ 61
    5. 환경교육운동에 대한 생각 ▪ 71

3장 환경교육운동가 되기 ▪ 85
    1. 왜? ▪ 85
    2. 어떤 상황에서? ▪ 117
    3. 어떤 과정으로? ▪ 151

4장 환경교육운동가는 누구인가? ■ 165

   1. 환경교육운동가의 이념형 ■ 165

   2. 환경교육과 환경운동의 관계 인식 ■ 177

PART 03. 교육과 운동, 그리고 환경교육운동

5장 교육과 운동의 맥락에서 본 환경교육운동 ■ 185

   1. 환경교육운동의 위치 ■ 185

   2. 환경교육운동의 성격 ■ 188

마치며 ■ 211

참고문헌 ■ 221

부록 ■ 229

감사의 글 ■ 233

지구촌 환경위기

들어가며

우리는 살아가면서 '나는 누구인가? 어떻게 살 것인가?'에 대해 끊임없이 자문한다. 그 자문을 통해 존재의 의미를 확인하고, 보다 성숙한 존재로 나아가고자 한다. 이 책에서 다루고 있는 환경교육운동가의 삶도 '환경교육운동가는 누구인가? 그들은 어떻게 환경교육운동가가 되었을까?'라는 질문에서 출발하였다.

우리나라에서 환경교육이 본격적으로 시작된 시점은 전 지구적으로 환경위기가 촉발되면서 국제적인 노력들이 많이 이뤄졌던 1970년대로 볼 수 있다(한국환경교육학회, 2003). 급속도로 진행된 산업화와 도시화로 인해 계속해서 쌓여 온 환경문제가 드러나게 되었고, 환경문제를 해결하고 대응하기 위한 사회적 요구가 발생했다. 이러한 사회적 요구는 환경운동과 환경교육의 형성과 전개를 가져왔다. 문제해결이라는 당면과제에서 출발한 환경운동과 환경교육은 그 궤를 같이해 왔다(한국환경교육학회, 2003).

1980년대 후반에 접어들면서부터 한국의 시민사회에는 큰 변화가 있었다. 1987년 민주화항쟁을 계기로 민주화운동에 참여했던 많은 사람들이 시민운동 영역으로 진입했고, 1990년대에 들어서면서 시민운동은 양적·질적 성장을 이루게 되었다. 환경운동도 활성화되고 전문화되면서, 환경교육운동의 새로운 주체들이 생겨났다. 환경교육운동은 1990년대를 거치며 환경운동의 활성화와 함께 계몽적 교육운동에서 대중적 교육운동으로, 민중교육운동에서 시민교육운동으로 급격한 전환이 이루어졌다. 환경교육운동은 대중과 만나는 환경운동의 전략이자 목표로 형성되고 전개되어 나갔다.

우리나라에서 환경교육은 일반적으로 제도권 안에서 이루어지는 학교 환경교육과 제도권 밖에서 이루어지는 사회 환경교육으로 구분해왔다(박태윤 외, 2001; 한국환경교육학회, 2003). 본 연구는 사회 환경교육 영역 가운데서도 시민환경단체의 환경교육에 관한 것이다. 이는 환경운동에서 출발하였기 때문에 태생적으로 운동적 성격을 내재하고 있다. 다시 말해, 시민환경단체의 환경교육은 사회환경교육으로 분류되는 공공기관이나 기업 등에서 이루어지는 환경교육과는 다르게 사회를 변혁시키고자 하는 운동적 성격을 지닌다. 본문에서는 이러한 특질을 반영하여 시민환경단체의 환경교육 가운데서도 운동적 특질을 내재한 환경교육을 '환경교육운동'이라 정의하고, 이 용어를 사용하였다.

환경교육운동가는 어떻게 나타나게 되었을까? 본문에서는 특히 환경운동이 특질을 획득하고 형성해 가는 시기를 주도해 온 '환경운동가'들이 정체성의 변화를 겪으면서 '환경교육운동가'가 되는 과정에 주목하였다. 김기석(1999)은 '형성은 시간의 변화에 따라 어떤 실재가-개별적인 것이든 집단적인 것이든-그 특질을 가장 분명하게 갖추게 되는 과정'이라고 정의한 바 있다. '형성'을 탐구하는 일은 과거와 현재의 흐름 속에서 인과관계를 이해하는 일이며, 이는 앞으로의 변화를 준비할 수 있기 때문에 중요하다.

이를 위해 환경운동가에서 환경교육운동가의 정체성 변화를 경험한 사람들을 대상으로 생애사와 구술사 연구를 진행하였다. 생애사 연구는 개인의 경험이 사회적 문맥 안에서 구성되는 과정을 밝혀 준다(박성희, 2004). 개인의 삶은 그 자체가 끊임없는 학습의 과정이기도 하다(Marotzki, 1995; 박성희, 2004 재인용). 개인과 사회는 끊임없이 대화하며, 과거는 현재와 또한 끊임없이 대화한다(Carr, 1961). 인간은 스스로 자신들의 역사를 만들지만 오직 특정한 상황에서 그러하다(Abrams, 1982). 우리는 개인의 삶으로부터 사회를 이해하고, 사회적 맥락 속에서 개인을 이해할 수 있다. 또한 과거를 통해 현재를 이해하고 미래를 준비할 수 있다. 개인의 삶은 자신이 속한 사회의 여건과 상황, 구조와 맥락 속에서 역사가 된다. 따라서 사회의 현상을 탐구할 때 개인과 사회구조를 따로 생각할 수 없는 일이다. 연구자의 관심은 개인과 사회, 과거와 현재가 서로 어떻게 만나 대화하며 메커니즘을 만들어 가는가에 있다. 역동적 시기를 지나 온 환경교육운동가의 환경교육운동이 있다. 그 시기를 관통해 온 환경교육운동가의 삶은 그대로 역사가 된다.

구술면담 개요

연구과정에서 총 29명의 구술자를 만났으며, 총 구술(녹취부분) 소요시간은 약 3,280시간, 총 녹취록은 888쪽에 달했다. 본문에서는 이들 가운데 환경운동 형성기에 환경운동을 시작해 이후 환경교육운동가가 된 5명의 구술자를 주요구술자로 선정하였으며, 이들의 이야기를 중심으로 분석한 내용을 기술하였다. 주요구술자 이외에도 유사한 유형의 환경교육운동가들과 역사적 증언자(학자, 언론 등)의 구술 기록도 일부 포함시켰다.

구술 면담은 반구조화된 면담을 통해 구술자가 자신의 상황에 맞게 재구성할 수 있도록 하였다. 면담에 앞서 구술자와의 예비면담(전화, 이메일, 방문)을 통해 연구의 취지를 설명하고, 면담 및 기록 과정에 대한 동의를 구했으며, 질문의 개요에 대해 설명하였다. 구술자가 특별히 요청하는 경우에는 〈표 1〉에 제시한 주요 구술 질문지를 사전에 보내주어 준비할 수 있도록 하였다. 추가 면담 과정에서는 경우에 따라 구술자들의 기억을 돕기 위해 당시 상황과 관련한 기사나 문헌을 미리 준비하여 보여주었다.

<표 1> 구술면담 주요 질문 개요

구분	내용
도입	・근황
개인적 차원	・어린 시절부터 환경운동하기 전까지의 의미 있는 삶의 경험(사건, 경험, 에피소드 등) ・환경, 교육, 운동에 각각 관심을 가지게 된 계기나 동기
사회적 차원	・80년대 후반~현재까지 중요한 시대적, 사회적 경험에 대한 기억 ・같은 시기, 환경운동, 환경교육 영역에서의 중요한 사건이나 경험에 대한 기억
환경교육운동에 대한 견해	・환경교육과 환경운동에 대한 관계 인식 ・환경문제해결을 위해 효과적이라고 생각하는 운동방식, 만족감이나 행복감을 느끼는 운동방식 ・환경교육운동의 한계, 시대적 과제, 전망 ・환경교육가, 환경운동가, 환경교육운동가에서 자기 위치 인식

구술면담 장소는 구술자가 편안함을 느낄 수 있고 연구자가 그들의 생활세계를 이해하는 데 도움이 될 수 있도록 주로 구술자의 활동 공간(사무실이나 회의실)에서 이루어졌지만, 방해요소가 있거나 공간이 너무 개방되어 있는 경우에는 외부 장소(카페, 산책로 등)에서 진행하였다. 구술 면담 횟수와 시간은 구술 내용과 면담 상황에 따라 1~4회, 또한 1회 면담 시마다 1~3시간(평균 1시간 30분~2시간)에 걸쳐 진행되었다. 구술자가 충분히 이야기했다고 느껴질 때까

지 진행하는 것을 원칙으로 하되, 구술자와 연구자가 최대한 집중할 수 있도록 2시간을 넘기지 않으려고 노력하였다. 면담시간은 주변 상황이나 구술자의 성향에 영향을 받았다. 방해 요소가 적고 구술자가 원하는 경우에는 장시간 진행한 경우도 있지만, 시간이 어느 정도 흘러 구술자가 지치거나 장소나 상황이 집중할 수 없는 경우에는 면담을 중단하고 다음 면담으로 미루어 구술자의 부담을 줄이고자 하였다. 또한 사건이나 경험에 대한 기억이 구체적이고 환경교육운동에서 역사 사회적으로 의미 있다고 판단되는 사례들에 대해서는 추가 질문이나 면담을 진행하였다. 추가 면담이 여의치 않은 경우에는 추후 전화나 이메일을 통해 수정하고 보완하였다. 구술 면담을 마칠 때에는 구술기록기증서에 서명을 받고, 공익적 기록물로서 공개와 실명 여부를 확인하였다. 면담 앞뒤로 당시 언론 및 매체에 보도된 자료 및 현지 문헌을 수집하였으며, 수집한 자료는 필요시 구술자의 기억을 돕는 데 사용하였다. 전체적으로 '면담 → 잠정적 분석 → 추가면담(필요시) → 잠정적 분석 → 추가면담(필요시) → 분석과 해석'의 과정을 유지하고자 하였다.

구술내용은 정확한 기록을 위하여 구술자의 동의를 얻어 녹음기를 사용하였다. 녹음기는 구술 환경에 따라 조정하였지만 기본적으로 두 개를 사용하였다. 면담 과정에서 구술 내용을 속기(수첩, 노트북)하였는데, 이는 구술의 맥락을 파악해 추가 질문을 준비할 수 있도록 활용하였으며, 녹음 기록에 담을 수 없는 행동이나 구술 당시의 분위기 등 특이사항을 기록할 수 있었다. 면담을 하고 나서는 가능한 빠른 시간 안에 면담 일지와 면담 후기를 작성해 녹취록에 담겨지지 않은 연구 과정의 분위기나 소감 등을 기록하였다. 구술의 녹음 자료는 전사(轉寫)한 뒤, 구술자에게 보내어 확인 과정을 거쳐 보완하였다. 전사는 구술자가 사용한 용어(방언, 비어 등)를 최대한 그대로 기록하였고, 침묵, 웃음 등은 일정한 기호를 정하여 표시하였다. 예컨대, 구술 간격이 있을 때에는 ',' 를 사용하였고, 침묵이 있을 때에는 '…', 웃음소리는 '하하하'로, 연구자의 말은 '( )' 안에 표기하였다.

기술 과정에서는 최대한 구술의 원형을 유지하면서 가독성을 위하여 연구자의 반복적 응답이나 심하게 반복되는 습관 어구들은 일부 삭제하였다. 또한 말하는 과정에서 생략된 언어나 잘 들리지 않은 소리는 의미 전달을 위해 연구자가 임의로 보충이 필요한 경우 '[ ]' 안에 기록하였다. 각 구술 인용문에는 면담이 진행된 횟수('차')와 녹취록의 쪽('면')을 표기하였다. 본 연구에 기술된 주요구술자 5명과 보조구술자들은 모두 실명 사용에 동의하여 실명을 사용하였다.

구술자 선정

구술자는 다음의 기준에 따라 선정하였다. 우선 탐색 연구에서 29명을 선정하여 구술 면담을 진행하였고, 이 가운데 5명을 주요구술자로 선정하여 심층 연구를 수행하였다.

- 대표성과 고유성: 일정 기간 이상의 교육운동 경험이 있고 환경교육운동을 대표할 만한 사람, 자신만의 고유한 운동 경험을 가지고 있는 사람
- 역사적 증언자: 환경교육 변화의 주요시점에 관련된 인물
- 다양성: 다양한 삶의 경험과 활동 유형, 지역/연령/경력/성별 안배
- 연구 진행 과정에서 다른 구술자에 의해 주요하게 언급되는 사람
- 연구 목적에 동의하는 사람
- 환경교육운동이 고유의 특질을 나타내기 시작한 80년대 후반부터 90년대, 즉 '환경교육운동 형성기'에 환경운동을 시작하여, 이후 환경교육운동가로 성장한 운동가

- '주창형(advocacy)' 환경단체에서 활동을 시작하여, 현재 다양한
     유형의 환경교육단체에서 주도적으로 활동하고 있는 사람[1]
   - 개인 경험과 시대 경험의 구체적인 사례가 잘 드러나는 사람

여기서 '환경교육운동 형성기에 환경운동을 시작한 운동가'에 주
목한 이유는 환경교육운동의 특질이 본격적으로 형성되던 1990년대
를 거쳐 현재까지 환경교육운동을 만들어온 주요 주체들이기 때문
이다. 이 시기를 거쳐 온 환경운동가들이 환경교육운동가가 되는 그
자체가 환경교육운동의 형성이다. 이 과정을 이해하는 일은 환경교
육운동의 본질적 혹은 태생적 특질을 알아가는 일이고, 그 개인과
집단의 정체성을 이해하는 일이기도 하다. 또한 환경교육운동 형성
기에는 시민운동이 성장, 분화해 가는 과정에서 환경운동도 다양화
되었다. 때문에 환경운동의 전형적 특질이 잘 드러나는 '주창형' 환
경단체에서 활동을 시작한 사람으로 한정하여 목적적 표본을 추출
하고자 하였다. '주창'은 시민사회운동의 핵심적 역할이나 특성이라
고 볼 수 있기 때문이다(주성수, 2006). 물론 동일한 경험을 가진다
고 해서 좋은 구술자가 될 수 있는 것은 아니다. 자신을 드러내는 표
현 정도, 연구자와의 라포, 주어진 상황 등 복합적 변수에 따라 구술
자들의 삶에 대한 구술의 질과 양은 영향을 받을 수밖에 없다. 따라
서 유사한 경험의 구술자 가운데 구체적인 경험과 사례가 잘 드러나
는 구술자들을 주요구술자로 선정하였다.

한편 본 연구(심층연구)에서 주요구술자로 선정되진 않았지만, 유
사한 시기의 시대적 경험을 공유한 환경교육운동가들을 보조구술자
로 선정하였다. 보조구술자들의 구술은 주요구술자들의 삶의 경험

---

1) '주창(advocacy)'의 개념은 "표출되지 않은 문제들을 제기하여 공공의 관심을 불러일으
   키며, 기본적 인권을 보호하고 광범위한 차원의 사회적, 정치적, 환경적, 윤리적, 지역사회
   이해관계와 관심사에 목소리를 내는 역할"로 정의된다(Salamon et al., 2004; 주성수,
   2006 재인용).

을 재현하고 그 의미를 풍성하게 하는 데 활용되었으며, 한편으로는 사회적인 상황 분석이나 역사적 기록의 확인과 해석 과정에서 이해를 더하기 위해 활용되었다. 특히 역사적 증언자로 역사와 사회적 배경에 중점을 두어 구술면담을 진행한 학자, 언론인 등의 구술은 구술증언 사료(史料)로 사용되었다. 이를 통해 환경교육운동사의 서사적 진실을 밝혀내는 데 주목하였다.

주요구술자들은 목적적 표본 추출 방법에 따라 선정되었기 때문에, 초기 소속단체의 성격상 공통적으로 주창형 환경운동단체에 속했다. 그러나 현재 소속단체의 유형은 각각의 운동과 교육적 지향에 따라 지역 환경운동단체, 환경문화교육단체, 환경교육전문기관, 대안형 환경학교 등으로 다양하게 나타났다. 활동지역에 따라서는 중앙운동과 지역운동의 비율을 안배하였다. 연령은 환경운동과 환경교육운동의 형성기에 운동을 시작한 40대, 80년대 학번이다. 학력은 학사 3명, 석사 이상이 2명이고, 학부전공은 신학, 전자공학, 사회학, 회계학, 국어국문학으로 다양하다. 이는 당시 운동선택의 기준이 직업에 대한 선택이라기보다는 학생운동의 연장에서 이루어졌기 때문으로 이해된다. 대학원 과정은 운동참여과정에서 선택했기 때문에 활동과 관련이 있는 환경교육, 사회복지학 등으로 나타났다. 연구 참여자로서 주요구술자들의 몇 가지 특성을 다음 〈표 2〉에 제시하였다.

<표 2> 연구 참여자로서의 주요구술자 개요

	구술자 명	면담 횟수	활동 범위	활동 지역	연령*	성별	학력	활동 초기 소속단체 성격	현재 소속단체 성격*
1	여진구	2회	지역, 중앙	서울	48	남	학사	환경운동	환경운동단체 환경교육네트워크단체
2	문창식	1회	지역	경북	47	남	석사	환경운동	환경문화교육단체
3	김혜애	2회	중앙	서울	47	여	학사	환경운동	환경교육단체
4	문용포	2회	지역	제주	45	남	학사	노동운동 사회환경	환경교육단체
5	차수철	4회	지역, 중앙	천안	44	남	박사 수료	환경운동	환경운동 환경교육

*연령과 현재 소속단체 성격은 최종 면담시기인 2010년을 기준으로 하였다.

　한편 탐색연구에 참여한 구술자 가운데, 주요구술자들과 비슷한 시기에 활동해 온 운동가들과 당시의 시대적 배경과 상황을 기억하고 있는 학자, 언론인 등 7명을 보조구술자로 선정하였다. 연구에 참여한 보조구술자들의 몇 가지 특성은 다음 <표 3>에 제시하였다.

<표 3> 연구 참여자로서의 보조구술자 개요

	구술 자명	면담 횟수	활동 범위	활동 지역	연령*	성별	학력	활동 초기 소속단체 성격	현재 소속단체 성격*
1	유정길	1회	중앙	서울	51	남	학사	종교환경단체	종교환경단체
2	정병준	2회	지역, 중앙	경기	51	남	학사	환경운동단체	환경운동단체 환경교육네트워크단체
3	오창길	1회	중앙	서울	43	남	석사	교사운동단체	환경교육단체 교사운동단체
4	김낙경	1회	지역	경기	45	여	석사	종교여성단체	환경교육단체

* 연령과 현재 소속단체 성격은 최종 면담시기인 2010년을 기준으로 하였다.

	[구술 증언]		분야	비고
5	최 열	1회	환경운동 전반	- 초기 환경운동과 시대적 배경 관련 구술 증언
6	조홍섭	1회	언론	- 환경교육, 환경운동, 환경교육운동에 대한 개인적
7	최석진	1회	학계	견해

환경교육운동가를 만나다

환경교육운동가의 생활세계

　본 장은 구술자들이 이야기한 생활세계를 환경운동가의 환경교육운동가 되기와 관련해 중요한 경험들을 중심으로 기술하였다. 1절은 구술자의 세계로 독자를 안내하는 만남의 과정으로 '구술자에 대한 간략한 소개'를 기술하였다. 2~4절은 주요 변화를 시간의 흐름에 따라 구성하였다. 2절은 운동가 되기의 동기와 영향을 끼친 요인들이 드러나는 '환경운동가 되기 이전의 생활세계'를 기술하였고, 3절은 본격적으로 정체성의 변화를 겪게 되는 '환경운동가에서 환경교육운동가 되기' 과정을 기술하였다. 4절은 정체성이 변화해 가는 과정을 거쳐 이들이 구현해가는 '환경교육운동과 도전'을 기술하였고, 마지막으로 5절에서는 '환경교육운동가가 생각하는 환경교육운동'을 재구성하여 기술하였다.

　기술 과정은 구술자들의 기억과 구술을 중심으로 최대한 원형을 유지하였으며, 이야기의 맥락에 대한 이해를 돕거나 명료화하기 위해서 구술자의 면담과정에서 수집한 현지자료나 언론보도, 학술자료 등의 문헌자료를 일부 활용하였다.

1. 구술자와 만나기

　사람들은 저마다 독특한 그들만의 삶을 살아간다. 환경교육을 하는 사람들은 어떤 삶을 살고 있을까? 호기심은 만남이 되고, 그 만남을 통한 소통에서 깨달음을 얻게 된다. 여기서는 주요구술자에 대한 개략적인 소개를 하고 그들의 생애로 안내하고자 한다.

여진구　목회자에서 전업운동가로

　여진구는 사회 환경교육 분야에서 오랫동안 활동해 온 대표적인 활동가 가운데 한 명이다. 한국환경교육네트워크와 생태보전시민모임 대표를 역임했고, 활동가, 강사, 공무원 등을 대상으로 하는 환경 강사로도 활발하게 활동해왔다.

　그는 어린 시절 자연과 친숙한 환경에서 자랐고, 보수적인 기독교 집안의 영향으로 목회자의 길을 가고 있었다. 그러나 독재정권 시절의 사회적 억압을 목도하면서 열혈 운동권 학생이 되었고, 목회활동을 하는 동안 종교공동체 주민운동을 펼치며 환경문제를 인식하게 되었다. 환경에 대한 관심은 환경단체에 문을 두드리게 만들었고, 환경강좌에 참여했다가 전업운동가가 되었다. 목회자였던 그는 인생의 결정적 전환을 통해 환경운동가이자 환경교육운동가가 되었다.

　그와의 면담은 연구 초반과 중반, 2회에 걸쳐 진행되었는데 지금 환경교육 현장에서 하고 있는 고민들이 앞선 고민과 서로 통하는 부분이 있다는 생각이 들게 했다. 그래서 다시 출발점으로 돌아가 현장에서 놓치고 있는 부분들을 되짚어 볼 수 있었다. 지금껏 기록되지 않은 소중한 사회적 자산을 발견하는 기분이었다.

문창식 | 사명감으로 시작해 행복한 운동가로

문창식은 대학시절 학생운동을 했고, 사회복지운동에 관심이 많았다. 그런 그가 환경운동을 하는 결정적 계기가 된 것은 페놀사건이었다. 그 뒤 그는 대구 지역의 대표적인 환경운동가가 되었다. 그러던 그가 어느 순간부터 교육과 문화를 이야기하는 교육운동가가 되어 있었다. 그에게 무슨 일이 있었던 걸까? 또 그가 꿈꾸는 교육은 무엇일까? 그것도 환경운동의 범위를 넘어서는 교육운동이어서 더 궁금했다.

최근 그는 경북 군위로 활동공간을 옮겼다. 주민과 밀착한 운동을 하기 위해 대구라는 도심에서 빗어나 지역공동체로 늘어간 것이다. 그곳에서 생명, 평화, 나눔의 가치를 실현하는 풀뿌리주민운동단체인 간디문화센터를 설립하고, 농촌마을공동체 운동과 대안교육, 다문화지원, 공익활동지원 등의 활동을 하고 있다. 그는 자신의 생애경험, 운동경험을 통해 구체화된 '삶으로서의 교육과 운동'을 구현해가고 있다. 시대적 책임감과 사명감에서 환경운동을 시작했지만 지금의 그는 행복한 운동가가 되기 위해 새로운 운동을 만들어가고 있다.

그와의 면담은 1회였지만 면담 앞뒤로 그와 함께 활동하는 활동가들과 자원 활동가들과도 만날 수 있었고, 자치적으로 운영하고 있는 프로그램을 엿볼 수 있었다.

김혜애 | 선배활동가의 운동영역 확장으로

김혜애는 녹색연합 창립 시기부터 활동해 온 선배그룹에 속하는 환경운동가이다. 그녀는 독서동아리 활동을 계기로 사회학과에 진학해 운동권 학생이 되었고, 졸업을 하면서 자연스럽게 환경운동가가 되었다. 어느덧 단체의 최고 선배그룹이 되었고, 선배운동가로서 조직과 운동의 외연 확장을 고민하던 과정에서 환경교육운동을 선택했다. 조직으로서는 전문 환경교육운동의 출발이었고, 그녀에게는 새로운 운동 영역에의 도전이기도 했다. 그녀는 왜 새로운 도약의 운동으로 환경교육을 선택했을까?

그녀가 주축이 되어 2008년에 창립한 녹색교육센터는 출발한 지 얼마 되지 않지만 녹색연합의 교육활동을 이어오면서 활발한 활동을 펼치고 있다. 녹색연합에서 함께 6~7년을 활동해온 "베테랑" 후배활동가도 함께하고 있다. 그녀는 기존에 자신이 해왔던 운동보다는 상대적으로 긍정적인 방식의 교육운동을 해나가면서 새로운 재미와 행복을 찾아가고 있었다.

그녀와의 면담은 두 차례에 걸쳐 녹색교육센터 사무실에서 이루어졌다. 면담을 하는 동안 강당에서는 시민강좌가 진행되고 있었고, 사무실 벽에는 환경캠프 홍보물들이 전시되어 있었다.

문용포 좋은 교사가 되는 꿈의 실현으로

문용포는 사회환경단체인 제주참여환경연대에서 사무처장을 했었지만 이후 생태교육 전담으로 활동하다가, 2006년 7월에 '곶자왈 작은학교'의 문을 열고 아이들과 생명평화의 가치를 나누는 활동에 전념하고 있다. 사회환경단체를 운영하던 그는 왜 학교를 꾸려 독립하게 되었을까?

문용포는 제주에서 나고 자랐다. 80년 민주화 운동의 역동기에 학생운동에 참여했고, 이후 노동운동에 참여해 잠시 뭍으로 떠나기도 했다. 90년 초 동구권이 붕괴되고 난 뒤 다시 고향으로 돌아왔다. 이즈음 노동운동도 전국적으로 구조조정이 있었다. 많은 노동운동가들이 운동 현장을 떠나기도 했고, 새로운 운동을 모색하기도 했

다. 그는 고향에 돌아와 한동안 여행에 빠졌고, 제주의 오름에 매료
되었다. 그래서 오름을 지키는 일에 앞장섰고, 그 일을 계기로 그는
환경운동가가 되었다. 자연의 소중함을 사람들에게 알리다 보니 어
느새 그는 환경교육운동가가 되어 있었다. 어릴 적 꿈꾸던 교사의
꿈도 이룰 수 있었다.

그는 자신의 이야기를 꺼내는 데에 신중했다. 구술을 예정했던 첫
번째 일정에는 면담 대신 그의 활동공간인 오름과 '곶자왈작은학교'
를 체험하면서 예비면담만 진행했다. 그러나 두 번째 그곳을 찾았을
때 그는 이틀에 걸친 면담에서 많은 이야기를 들려주었다.

차수철 **지역운동의 전략적 비전으로**

차수철은 전국적 조직인 환경단체의 지역 사무국장이다. 그는 재
정적인 어려움을 극복하면서 시민 주도의 지역형 환경교육센터를
건립한 환경교육운동가이기도 하다.

문학 소년이었던 그는 교사가 되고 싶어 사범대에 진학을 했지만
학생운동을 경험하면서 운동가가 되었다. 처음에는 중앙 환경운동
조직에서 기획과 조직 활동을 했지만 지역운동을 하고 싶어 천안아
산환경연합으로 자리를 옮겼다. 그는 지역활동가이면서 전국 단위
의 환경교육네트워크[2] 협동사무처장을 겸임했을 정도로 환경교육
운동에서 중요한 역할을 하고 있다. 그는 지역운동의 핵심전략으로
교육운동을 전개했고, 그러는 동안 대학원에 진학해 환경교육을 전
공했다.

차수철은 연구자가 본 연구주제에 관심을 갖게 해준 운동가이다.

---

2) 한국환경교육네트워크(Korea Environmental Education Network, 이하 KEEN)는 2005
년 6월 창립된 환경교육관련 기관, 단체, 개인을 포괄하는 네트워크 조직이다. (한국환경교
육네트워크 홈페이지 참조)

연구자는 그의 삶과 운동을 통해 '환경교육운동가가 되게 하는 것은 무엇인지,' '환경운동가가 환경교육운동가가 된다는 것은 어떤 의미를 갖는지' 하는 문제에 대해 관심을 갖게 되었다. 그와의 면담은 2009년 봄부터 네 차례에 걸쳐 진행되었다.

2. 운동가 이전의 생활세계

여진구   지역공동체에서 환경문제에 눈을 뜨다!

여진구는 충북 영동에서 태어났다. 강가가 보이는 마을에서 자랐다. 그의 어린 시절은 콩서리를 한 추억으로 시작된다. 동네 형들과 콩서리를 하고 나면 형들은 빨리 먹기 위해 "냠냠" 먹으면서 동생들에게는 "범버꾸 범버꾸" 먹어야 더 맛있다고 했다는 이야기는 성장영화의 한 장면을 보는 듯하다. 그는 농촌의 풍부한 자연에서 자란 덕에, 자연에서의 기억들이 아직도 생생하게 남아 있었다. 강가에서 놀며 조개도 잡고, 비릿한 생땅콩을 까먹고, 이삭을 줍던 향수가 그대로 전해진다.

> 들판에서 조개 잡고 또 강가에 가가지고. 저는 생땅콩도 잘 먹어요. 비리잖아요. (…) 콩 먹다가 국어 교과서에 범버꾸 범버꾸 하잖아요. 형들은 빨리 먹으려고 냠냠냠 먹고, 너네는 범버꾸 범버꾸 먹으라고 하면 더 맛있다고 해가지고 콩서리해 온 거를 구워가지고 동생들은 범버꾸 하면서 못 먹게 하고 자기들은 냠냠 하면서 많이 먹고. (…) 땅콩서리 해먹고, 이삭도 줍잖아요. 하고나서 호미로 파면은… 근데 먹을 것도 옛날에 없고 하니까 그거 그냥 먹었거든요. (여진구 1차, 6면)

여진구는 초등학교 1학년이 되던 해에 대전으로 이사를 갔다. 그리고 청소년기에 충격적인 사건을 경험했다. 전두환 군사 쿠데타 시절, 가까운 대학교에 공을 차러 갔다가 군인한테 잡혀 얼차려를 당했고, 형들이 끌려가는 것을 목격하기도 했다. 그는 '집안의 염원'으로 신학대학, 그것도 굉장히 보수적인 대학에 진학했지만, 보수적인 교회 분위기가 오히려 보수적인 사회에 대한 눈을 뜨게 해주었다. 당시 그는 "신학을 하면서 살인정권을 옹호해줄 수는 없는 일"이라고 생각했다.

그는 대학시절에 이미 목회를 시작했다. 휴학을 하고 기독운동공동체를 만들었다. 일명 "고물상공동체"였다. 동네 골목골목을 다니며 고물을 모아 팔아 동네 어려운 아이들에게 현금이나 쌀을 지원하고, 봉사조직을 만들어 무언극이나 길놀이 등의 공연을 열고, 동화책을 선물하기도 했다. 그는 그 시절을 욕심 없이 다른 사람들을 위하며 살았던 가장 아름다운 때로 기억한다. 그가 환경에 대해, 그리고 지역운동에 대해 더 관심을 갖게 된 것도 그 시절의 경험 때문이라고 한다. 골목골목을 다니면서 분리수거의 달인이 된 것은 말할 것도 없었다. 지역 곳곳을 다니다보니 자연스럽게 환경문제를 중요하게 인식하게 되었다.

> 리어카를 직접 끌고 친구 아버지 고물상 가서 물건을 사는 법, 가격, 이런 걸 다 실제[로] 하고, 그걸 통해서 고물상공동체를 만들어서 그 수익금을 가지고 나누려고 (…) 달동네 같은 데 가서 공연을 준비해요. 또 모임을, 봉사 조직을 제가 만들었어. (…) 빈민지역에 가서 프로그램을 해줍니다. 무언극, 길놀이, 그 담에 거기에 조그만 공간이 될 만한 교회라든가 공공적 일을 하려고 하는 데에다가 동화책을 선물을 해줘요. 그런 수익금 가지고 길놀이 해주고. 일반인들이 주인공이 되는 거예요. 연극도 하고, 노래도 불러주고, 게임도 하고. (…) 그때가 제일 제 인생에서 가장 백지 같았던 생이었죠. (여진구 2차, 25면)

　문창식은 경북 성주에서 태어났다. 장날 어머니의 손을 잡고 새벽 일찍 출발해도 산을 넘어 장에 가면 점심 먹을 때 도착할 정도로 시골에서도 그야말로 산골 마을에서 자랐다. 어린 그에게는 대궐 같았던 초가집 앞으로 실개천이 흘렀는데, 그곳에서 가재를 잡고 맑은 물을 바로 마시던 기억이 생생하다고 했다. 그러다 7살이 되던 해, 그는 고향을 떠나야 했다. 70년대 전국적인 이농현상이 있던 시절, 부모님은 무작정 집과 땅을 뒤로 한 채 보따리를 싸들고 도시로 나왔다. 그때부터 그는 대구에서 성장했다. 도시로 나온 부모님은 4남 1녀의 자녀들을 키우기 위해 전국 방방곡곡으로 5일장을 찾아다니느라 고생이 이만저만 아니었다. 하지만 워낙 부지런한 부모님은 머지않아 자리를 잡아갔다.

　문창식은 기독재단이 운영하는 중학교에 입학하면서 절실한 기독교 신자가 되었다. 형제가 많은 집에서 자란 그는 신앙보다도 자신을 반겨주고, 위해 주는 사람들이 있는 교회가 너무 좋았다. 그 시절, 그는 예수의 삶이 자신의 삶에 주는 의미를 생각했다. "이 사람한테는 실천이 있다"라는 자각은 이후 학생운동, 사회운동을 하는데 영향을 미치게 되었다. 그는 삶에서 실천할 수 있는 일로 운동을 택했다. 그에게는 사회 이론이나 철학보다 종교적 신념이 운동을 지탱해 주는 힘이 되었다.

> 그 삶이 나한테 주는 의미가 뭘까? 그… 그런 삶을 통해서 내가 받아들인 거는 말이나 이런 게 아니고, 이, 이 사람한테는 실천이 있었다. 그거에 내가 많이 받았지. (…) 이거는 내 삶을 통해서 내가 실천해야 될 부분이다. 해서 사회운동[을] 좀 한 거고, 저 학생운동권 출신처럼 막 투철한 이런 신념과 막… 그렇게는 안 한 것 같아. 하하하. (문창식 1차, 14~15면)

부모님이 원하시는 이공계통을 전공으로 선택해서 대학에 진학했지만 적성에 맞지 않았던 그는 대학공부에는 일찌감치 흥미를 잃었다. 대신에 참길회3)라는 봉사단체 활동에 푹 빠졌다. 당시 기독학생운동은 전체 학생운동에 큰 영향을 미치고 있었고, 참길회에는 기독학생운동권들이 주축으로 있었다. 매일 있는 술자리는 그 자체가 학습의 과정이었다. 선배들과의 술자리는 '이 땅의 민주화'와 '역사'에 대한 학습의 공간이기도 했다. 365일 술을 먹는데 매일매일 새로운 이야기를 들려주는 선배들이 참 훌륭해 보였다. 그는 3학년 때 참길회 회장을 맡게 되었고, 이 때문에 군 입대가 늦었다. 결국 군에서 87년 항쟁을 맞이했고, 역사의 현장에 함께하지 못했다는 생각 때문에 못내 아쉬웠다. 그가 제대했을 때는 "세상이 완전히 바뀌어 있었다."

김혜애　학생운동에 고스란히 바치다!

어르신들의 기억 속에 어린 시절 김혜애는 조용하고 내성적이었다. 하지만 초등학생이 된 그녀는 무슨 일에든 에너지가 넘쳤다. 축구부를 만들었고, 육상선수로 소년체전에도 나갔다. 그녀는 밴드도, 운동도, 공부도 모두 열심히 할 정도로 다부졌다. 그러다 중학생이 되면서부터 공부에 열중하기 시작했고, 책 읽기에 푹 빠졌다. 고등학생이 된 그녀는 '도서관'이라는 제법 역사가 긴 써클(동아리) 활동을 시작했다. 고전부터 현대 단편까지, 매주 독서토론회를 했다. 그러면서 다른 학교 학생들과 교류를 하고, 사회문제에도 관심을 가지

---

3) 참길회는 1973년 '어떤 모임'으로 발족하여 아동복지시설인 베다니농원 방문을 시작으로 우리 이웃의 현실을 바로 알기 위해 활동하였다. 조직의 필요성을 느끼게 되면서, 1981년 9월 정식으로 창립하였다. 현재는 아동/장애인/노인복지시설 후원사업과 국립소록도병원·한센병 환자 정착촌의 봉사활동, 교육사업 등을 하고 있다.
(홈페이지 참조, www.chamgil.or.kr)

게 되었다.

> 그 서클에 들어가서 그때 책을 굉장히 많이 읽었어요. 현대 단편부터 시작해서 고전까지, 왜냐면 거의 일주일에 한 번 정도씩 독서 토론회를 했으니까 자체에서 책 읽고 토론회 하고 이런 식으로 했으니까 뭐 연합 토론회도 하고, 다른 학교들이랑. 그 남학교와도 굉장히 관계를 여러, 넓게 맺을 수 있었고. 그래서 고등학교 때가 되게 중요한 시기였던 것 같아요. 책을 읽으면서 아무튼 사회 문제에도 관심을 많이 가졌던 것 같고. (김혜애 1차, 1~2면)

그녀가 대학 진학과 학과 선택을 고민하던 무렵, 총학생회 출신의 가장 친했던 선배 언니가 사회학과를 추천했다. 그녀는 그 과를 선택했다. 86학번이다. 과대표를 뽑는 자리에서 후보의 변 대신 "이 풍진 세상을 만났으니"를 부르는 통에 운동권 선배들에게 소위 '찍혀서' 학생운동을 시작하게 되었다. 그렇게 별 고민 없이 운동권 학생이 되어 대학 4년을 학생운동에 "고스란히 바쳤다."

> 내가 굉장히 좋아했던 고등학교 선배 언니가 있었는데, (…) 그 언니가 사회학과를 갔으면 좋겠다고 하더라고요, 이 언니가. 해볼 만한 학문이다. (…) 고민을 하다가 사회학과를 갔어요. (…) 들어오자마자 별 고민 없이 학생운동[을] 시작하게 됐고, 그리고 이제 4년을 고스란히 바친 거죠. (김혜애 1차, 2~3면)

문용포 양심과 정의는 지키며 살겠다!

문용포는 아이들에게 '머털도사'로 통한다. 누군가의 "머털도사 닮았다!"는 말에 우연히 별명을 얻었지만, 세상의 것에 욕심을 내지 않고 스스로 훈련을 통해 고수가 되는 머털의 삶은 이제 그의(그 자신의) 삶의 철학이기도 하다. 어린 시절 머털은 동네에서 '인사를 잘하는' 아이였다. 공부보다는 노는 걸 좋아했지만 인문 도서나 신문

읽기는 무척 좋아했다. 성적은 그다지 좋지 않았지만 친구들은 '세상의 많은 것을 아는' 머틸에게 이런저런 것을 물어보곤 했다. 머틸은 어릴 적부터 잔정이 많았다. 집안에서 냄비나 담요 같은 게 없어지면 십중팔구 머틸이 이웃의 어려운 사람에게 갖다 준 것이었다. 그는 그런 것을 덕을 쌓는 일이라 생각하고 지금까지도 덕을 쌓는 일을 매우 중요하게 생각하고 있다. 그는 제주에서 나고 자란 것이 감사하고, 성품 좋은 부모에게 자란 것이 감사하다. '자라온 공간'이 주는 영향이 크다고 생각한다.

머틸은 어린 시절부터 '교사가 되는 꿈'을 꾸었다. 좋은 선생님을 만나면 "나도 저런 선생님이 되어야지" 생각했고, 좋지 않은 선생님을 만나면 "나는 저런 선생님은 되지 말아야지" 생각했다. 육성회비를 못내는 아이들을 "구박"하지 않았던 선생님도 기억하고 있지만, 성적이 안 나온다고 뙤약볕에서 아이들이 기절할 때까지 벌을 주고, 천자문을 땐 자기 아이를 데려와 우리 애는 이 정도 하는데 너희는 왜 못하냐고 꾸짖던 "아주 못된" 선생님은 더 기억에 많이 남아 있다. 그런데 오히려 그 선생님이 "좋은 교사가 되어야겠다"는 생각을 다잡게 했다. 하지만 뭍으로 대학을 간 형들을 위해 일찌감치 대학에 가겠단 생각을 하지 않았던 그는 교사의 꿈을 한동안 잊고 지냈다.

대학에 진학은 했지만 그의 관심은 공부보다는 사회, 역사, 정치쪽에 있었다. 친구를 따라 타임 반에 가입해서 외신 기사들을 보는 재미에 빠졌다. 중동문제가 많이 다루어졌는데 중동의 시각이나 중립적인 시각이 아닌, 미국의 시각이 많아 안 되겠다 싶어 관련 외신을 다 찾아보기도 했다. 덕분에 대학시절 후배들은 그의 세상 이야기가 듣고 싶어 찾아오곤 했다. 형제가 많고 형편이 넉넉하지 않았던 탓에 그는 신문배달을 학기 중에도 계속했다. 그 시절 창간된 한겨레신문을 창간호부터 배달하면서 자연스럽게 학생운동에 관심을 갖게 되었다. 시위하는 데 "꾸역꾸역" 참가하다가 '일종의 혁명학습, 사회를 뒤바꾸는 변혁론, 맑스주의[Marxism, 마르크스주의]'를 '학습'하게 되었지만 그 시절에도 인문서적에 더 끌렸다. 어릴 적부터 키워 온 교육에 대한, 교사에 대한 관심은 학교생활을 하는 동안 동아리 활동으로 이어졌다. 사범대 동아리인 교육문화연구회에 들어갔고, 학과 편집부장도 맡았다. 인문대 풍물 동아리와 신문배달 하던 친구들과 함께 총학생회 활동도 했다.

> 이론서, 이런 거는 물론 저도 누군가에게 학습을 받았기 때문에 정치경제학이나, 이런 사회주의 사상에 대한 공부를, 또 맑스주의에 대한 걸 이렇게 저렇게 [공부]했지만… 또 후배들한테 그런 공부를 또 가르치기도 하고 했지만… 내가 더 좋아했던 책은 인문학적인, 예를 들어서 뭐 루쉰의 「아침 꽃을 저녁에 줍다」, 뭐… 「청년들아, 나를 딛고 올라라」 (…) 뭐 또 신영복 선생님의 「감옥으로부터의 사색」이런 것들이 오히려 좋았던 것 같아요.4)(문용포 1차, 7~8면)

　그는 사회과학에도 관심이 있었지만 운동가의 삶을 살게 된 직접적인 계기는 87년 민주화 운동의 영향이 컸다. 매일 거리에서 시위가 있었고, 그 속에서 사회 문제에 눈을 뜨게 되었다. 사회의 변혁을 꿈꾸던 청년시절, 그는 노동운동을 위해 잠시 섬을 떠났다. 노동운동 시절에도 노동자를 대상으로 글쓰기 교육을 하고, 짬짬이 여행을 다닌 일은 행복한 기억으로 남아 있다. 소위 운동권식 "유식해 뵈는" 글쓰기가 아닌 정직한 글쓰기, 주체적 글쓰기를 가르쳤다. 그들의 눈높이에 따라 자신들의 정서가 담긴 말과 글을 쓰도록 도와야겠다

---

4) 루쉰[魯迅(노신), 1881.9.25~1936.10.19]. 중국의 대문호, 격동의 중국근대, 민중의 한과 역사에 묻힌 수많은 아픔을 생생하게 묘사, 동아시아 리얼리즘 문학의 거봉으로 알려져 있다.

고 생각했다. 그 시절 민중교육에 대한 생각과 경험은 지금 아이들의 눈높이를 맞추는 데에 영향을 주었다.

> 현장 노동자들한테 내가 이제 글을 써야 되니까, 또 교육을 해야 되니까. 그랬을 때, 어떻게 해야 되는가를 쭉 하면서 이효석 선생님, 우리말 글쓰기 그런 걸 관심을 거기에 두고, 노동자 스스로 주체적으로 글을 쓸 수 있어야 되고, 또 그런 노동자의 삶을 닮은 정직한 글이 가장 훌륭한 글이다. (…) 그래서 말과 글을 내가 만나는 사람들의 눈높이에 맞추고, 또 그 사람들의 정서가 담긴 말, 글… 이걸 생각을 많이 하죠. (문용포 1차, 13~14면)

노동운동 시절, 그는 사회주의의 몰락이라는 시대적 사건을 경험했다. 당시 구소련연방은 1992년 1월 1일자로 공식 해체되었고, 1993년 9월 21일 인민대표회의 및 의회 강제해산, 12월 신헌법제정을 위한 국민투표와 의회총선을 실시하였다. "현실이 바뀌면 이론도 무너질 수 있다." 이 시기에 함께 운동했던 사람들이 떠나가기도 했다. 이 사건은 그에게도 충격이었지만, 그가 버틸 수 있었던 것은 '이데올로기'가 아니라 '양심과 정의'를 지키며 살겠다는 삶의 지향점이 있었기 때문이었다. 이데올로기에 앞서 양심을 지키고, 정의로운 세상을 만드는 데 기여하겠다는 스스로와의 약속은 어려움을 딛고 일어설 수 있게 해주었다.

> 저는 이데올로기에 앞선 내 양심과 내 삶의 어떤 이런 것 쪽에 더 충실했기 때문에, 그런 거엔 덜 뭐 했던 것 같아요. 휘청거리는 사람들이 많았는데, 그렇게 학습을 열심히 해서 그 뭔가 이념이 투철한 이런 사람이 아니었기 때문에… (…) 뭐 그게 아주 충격은 컸지만, 또 저마다 지향하는 상이 있는 거잖아요. (문용포 1차, 10~11면)

한편 머털은 대학생이 되어서야 뭍으로 처음 가 보았을 정도로 자기가 살아온 공간을 벗어나지 않았다. 그런데 그런 그가 노동운동을 하기 위해 섬을 떠나 새로운 공간을 접하게 되었다. 그때 주변의 자연을 찾아 여행을 다니기 시작했고, 전국단위 회의를 할 때면 짬을 내어 여행 짐을 챙겼다. 노동운동을 그만두고 제주로 귀향해서 다음의 삶을 고민할 때도 그는 제주의 오름을 찾기 위해 짐을 꾸렸다.

차수철 | 고통 받는 사람들이 있으니까!

차수철의 고향은 시내에서 한참을 들어가야 겨우 찾을 수 있는 경남 거창의 산골마을이다. 그의 부모는 농부였다. 어린 시절 자연은 그에게 최고의 친구였다. 그는 사색을 좋아하는 조용한 성격의 문학소년으로 성장했다. 그의 고향은 해인사 인근에 위치해 있었다. 그에게 불교는 신앙이라기보다는 삶의 철학으로 자연스럽게 들어와 있었다. 불교는 지역신앙이자 모태신앙이었다. 그는 고등학생이 되면서 불교 동아리와 동인지 활동을 시작했다. 자신의 관심사이기도 했고, 무엇보다 스스로 내성적인 성격을 극복해보고 싶었다. 그에게 교사의 꿈은 자연스러운 것이었다. 그는 다른 어떤 것이 될 수 있을지도 몰랐던 것 같다고 회고 했다. 시골마을에서 최고의 직업은 교사였던 시절이니까.

교사의 꿈은 이렇듯 너무나 평범했지만 한편으론 특별했다. 어느 때부터인가 그는 민중교사를 꿈꾸기 시작했다. 세상에서 고통과 억압을 받는 사람이 있다면 자신이 할 일이 있다고 생각했다. 불교 동아리 활동을 하던 시절, 그는 젊은 혈기에 선배들을 향해 "맨날 염불만 외면 뭐 하냐, 세상을 변화시켜야지, 민중을 구해야지!"라고 종종 따지곤 했다. 어떤 면에서 그의 이런 생각은 민중불교의 정신과 맥을 같이 했던 것이다.

『페다고지』5)라는 책이 있잖아요. 그게 바로 어떻게 보면 민중의 교사… 궁극적으로는 내 내면 속에 민중을 위한 민중교사로서의 가치관들이 자리를 잡은 게 아닌가. 그래서 뭐 들어가자마자 내가 뭐 알았겠어요? 뭐 고통 받는 사람들이 있으니까. (차수철 1차, 11면)

차수철은 꿈을 찾아 서울로 상경했다. 사범대 국어교육과에 진학하게 된 것이다. 하지만 교사가 되는 꿈은 대학 진학을 계기로 오히려 멀어졌다. 대학에서도 자연스럽게 불교 동아리 활동을 시작했지만, 현장에 나가 민중을 구하는 것을 사명으로 생각했던 그는 결국 불교 동아리 활동 대신 사회과학 동아리를 선택했고, 소위 선배들에 의해 "픽업"되어 학생운동을 하게 되었다. 그는 그 시절 치열했던 학생운동의 한복판에 서 있있다. 아침이 되면 거리로 나가 최루탄 가스와 함께 하루를 보내고, 자취방에 돌아오면 그대로 지쳐 잠이 들었다. 다음날이 되면 다시 아침 일찍 거리로 나가는 일상이 반복되었다. 그가 자취하던 집에는 12가구가 살았는데, 지금도 당시의 "엄울[암울]" 했던 분위기는 그의 기억 속에 생생하다.

2학년 때는 87년이잖아. 그때는 옷을 안 갈아입은 게 23일 정도. 하여튼 뭐 뽀얗게 최루탄 쏘고 들어오면 자취방에 뻗어 자고, 또 아침 일찍 학교 나가면, 그때 6.10항쟁 때의 방식은 그런 거였어요. 이제 과에서 총회를 하고, 단과대 총회를 하고, 총학생회 총회를 해서 데모하러 나가는 방식이었는데. 그때는 뭐 매운 줄도 몰랐어. 온통 뒤집어 쓴 상태에서 집에 와서 그냥 뻗는 거야. 아침에 또 일어나서 나가고. 거의 기계적으로. 맨날 명동, 종로, 신세계… (차수철 1차, 2면)

87년 민주화 항쟁을 예비하는 전주곡이 되었던 86년 인천 5.4사태, 그해 가을의 건대항쟁, 88년 총학생회 진군식. 그리고 그가 감

---

5) 페다고지(Pedagogy)는 '해방교육'을 주장한 파울로 프레이리(Paulo Freire)의 저서로, 제 3세계 민중교육학의 고전으로 읽혀 왔다.

당해야 했던 구속, 집행유예, 귀향, 복학, 다시 전대협 활동. 이 경험들이 운동력이나 조직력을 탄탄히 해주었고, 어려운 상황에서도 극복하는 힘을 주었다. 그는 그 시절 소위 강골 운동권 학생이었고, 말 그대로 운동에 "혼~신을 다했다." 돌아보면 그것은 모두 지금의 그를 만드는 토대가 되었다. 그는 열정적으로 살았던 그 당시의 경험을 많은 사람들과 함께 했던 시대경험으로 인식하고 있다.

민중해방을 꿈꾸는 동안 졸업을 하고 다시 고향을 찾기까지 부모님에 대한 죄스러움이 컸다. 한 시간도 차를 못 타시는 어머니께 아들의 재판이며 면회를 찾아오게 하는 고생과 괴로움을 안겨드려야 했기 때문이다. "어렵게 보낸 대학에서 아들이 공부는 안 하고 데모만 하러 다녔으니," 그는 부모님을 생각할 때마다 갈등과 번민으로 하루하루를 보냈다. 그는 92년 대선 운동을 마지막으로, 86년부터 92년까지 7년 동안의 운동을 정리하고 다시 고향을 찾았다. 구속 경력 때문에 교원은 물론 취직을 하기도 어려웠다. 그는 부모님을 모시고 고향에서 농사를 지으며 효도를 하고 싶다고 생각했다.

하지만 다시 찾은 고향에서도 그는 어쩔 수 없는 조직가였다. 불교청년회를 만들고, 마을을 탐방하면서 쓴 글을 묶어내기도 하고, 회관을 지으며 그렇게 또 다른 행복한 시간을 보냈다. 그의 주변에는 학생운동을 하던 선배들 가운데 낙향해 지역운동이나 농민운동을 하는 사람들이 많았다. 그러다가 선배의 소개로 전국문예패연합 출신의 교사인 아내를 만났다. 원거리 교제 끝에 결혼을 했다. 우여곡절 끝에 다시 찾았던 고향을 쉽게 떠날 수 없었지만, 결국 아내가 재직하고 있는 지역으로 활동의 장을 옮겨가게 되었다.

3. 환경운동가, 환경교육운동가 되기

여진구 교육운동의 확산력을 체감하다!

수강생에서 전업 환경운동가로

환경에 대한 그의 관심은 환경단체에 문을 두드리는 것으로 이어졌다. 목회를 하면서도 공추련(공해추방운동연합)에서 자원봉사를 하기도 했다. 졸업을 하고 기독운동과 환경운동을 두고 고심을 하다, 교회에는 일할 사람이 많으니 사회운동을 해야겠다고 생각했다. 그러다 공추련 사무실을 무작정 찾아가 여기서 활동하고 싶다고 했다. 마침 개강을 앞둔 '배움마당' 강좌가 있었고, 7기 수강생이 되었다.

> 목회하면서 자원봉사를 공추련[에서]… 했죠. 아예 졸업하고 목회하면서 뭔가 사회운동을 해야 되겠다는 생각은 그 전부터 쭉 하고 있었고, 그 중에 이제 기독교 운동을 할 거냐, 환경운동을 할 거냐 가지고 고민을 좀 하다가, 사무실 찾아가서 뭐 좀 참여도 하고 싶고, 봉사도 하고 싶은데 어떻게 하면 좋겠냐 그랬더니, (…) 그 배움마당을 한번 들으라고 그러더라구. 그때가 제가 7기였는데….
> (여진구 1차, 7면)

'배움마당'은 여진구가 환경운동가가 되는 물꼬를 터 주었다. 배움마당은 한국공해문제연구소(공문연)의 주부 공해강좌를 1기로 시작했고, 공해반대시민운동협의회(공민협)의 주부와 청년강좌를 2기와 3기로, 1988년 공해추방운동연합(이하 공추련)이 창립되면서, 그해 10월에 배움마당 4기로 이어졌다. 당시 공추련은 대중화와 전문화를 표방하면서 총무, 조직, 선전, 교육에 4개 부서를 두고 활동을 할 정도로 교육의 비중이 컸다.[6] 민주화운동에서 시민운동으로 전

---

6) 한겨레신문, 1990년 10월 2일자 기사 참조

환되던 시기, 시민사회는 전업운동가들이 필요했다. 배움마당은 시
민교육을 표방하고 있었지만 실질적으로는 환경운동가를 양성하는
역할을 하였다. 당시 배움마당을 통해 배출된 환경운동가들 가운데
는 이후 환경교육운동을 활발하게 했던 운동가들이 많이 있다.7)

> 지금의 교육이라기보다는 그때는 어떻게 보면 계몽, 그 다음에 뭐,
> 자기 힘을 길러서 목소리를 결집해서 그런 더 큰 힘에 대항할 수
> 있는 어떤 그 민주 훈련의 장, 이런 거라고 생각을 하면 맞지 않을
> 까. (여진구 2차, 12면)

시민운동과 시민교육을 표방하긴 했지만 민주화운동에서 반공해
운동으로 이어온 환경운동을 보는 정권의 시선은 곱지 않았다. 시민
교육활동 역시, 반공해운동을 표방한 반체제운동으로 보고, 강사의
교육활동이나 교육장소 대여를 막는 등 압력을 행사하기도 했다. 이
때문에 강좌는 명동 향린교회에서 많이 진행됐다.

> 80년대는(…) 민주화 운동하고 밀접, 매우 밀접하게 연관이 돼있었
> 기 때문에, 어떻게 보면 정의운동, 정의적 차원의, 그니까 지금처
> 럼 환경을 심도 있게 생각하기보다는 사회 정의에 굉장히 중요한,
> 그러나 소외되고 누군가가 어, 헌신하고 봉사하지 않으면 그 운동
> 자체가 유지되기 어려운, 그야말로 민주화 운동의 일환으로서 생
> 각을 해서 저 어두운, 거 뒷방에서 공부하는 그런 느낌. 거기는 아
> 주 특별한, 투철한 뭐 학생운동 출신 내지는 그런 의지를 갖고 그
> 런 사람들이 와서 들어야 되는 교육처럼 인식되는 때가 옛날 공추
> 련에 시민환경강좌였죠. (여진구 2차, 11면)

프로그램은 주로 전문가들의 강의로 이루어졌지만, 강좌 이후에

---

7) 이 때문에 신동호(2007)는 '배움마당'을 일명 "환경사관학교"라 표현하고 있다. 여진구를
   비롯해, 현 자원순환연대 사무총장 김미화, 현 녹색세상 대표이자 전 녹색연합 대표 장원,
   현 에코생협 상임이사 최재숙, 현 환경재단 사무처장 홍혜란, 새만금 소송대리인 변호사
   김호철, 만화가이자 환경운동가였던 고 신영식, 현 시민환경연구소 부소장 김정수 등 잘
   알려진 사람들만 해도 꽤 많다.

는 뒤풀이가 당연한 것처럼 이어졌다. 강의 이외에도 수강생들 간의 공부 모임, 현장 감시활동 등 적극적이고 자발적인 참여가 이루어졌다. 배움마당이 명실공히 운동가 양성 프로그램으로서의 기능을 할 수 있었던 것은 단순히 강의식 수업에서 그치지 않고, 현안을 이해할 뿐만 아니라 함께 고민하고 현안에 대응하는 활동이 병행되었기 때문에 가능했다. 졸업생들은 기수 모임이나 후속 모임들을 통해 자발적인 활동을 유지시켰다. 그러면서 열혈 전업운동가가 되기도 했고, 자신의 주머니를 털어 환경운동을 돕는 자원활동가가 되기도 했다. 자원활동가로 환경오염의 현장을 모니터링 하던 여진구는 공추련의 전업활동가가 되어 현장을 누비게 되었다. 그렇게 배움마당을 통해 양성된 환경운동가들이 지금까지도 환경운동의 중추적인 역할을 하면서, 배움마당은 역사적으로 중요한 환경교육 프로그램으로 회자되고 있다.

체험환경교육, 환경교육운동가 되기

초기 환경교육은 민중운동의 연장선에서 주로 사회변화에 관심을 갖고 있던 학생운동권 출신처럼 적극적 사회개혁층이 주요 대상이었다. 딱히 환경을 위한 운동이라기보다는 환경문제로 고통 받는 민중들을 위한 사회 정의적 차원의 운동에 가까웠다. 그러나 1991년 경북 구미시에서 발생한 낙동강 페놀사건과 1992년 브라질 리우데자네이루에서 실시된 리우회의는 환경운동의 흐름을 뒤흔들게 된다. 페놀사건으로 인해 많은 시민들이 환경문제를 인식하게 되었고, 1992년 리우회의는 국제적으로 지속가능발전이라는 의제를 던져 줌으로써 시민운동가들의 인식 전환에 중요한 계기를 만들었다.

민중운동의 성격을 띤 당시의 환경교육운동에 대한 종교계의 관심과 참여도 하나의 흐름으로 나타났다. 90년대 들어오면서 종교단체와 개별교회에서 종종 환경강좌를 열었다. 여진구는 신학을 공부했는데, 대중을 설득하고 어떤 길로 인도하는 목회자와 교육자의 역할은 닮은 점이 많다고 생각했다. 그는 배움마당을 진행하던 전문가들과 아이들을 데리고 하천이나 공원에 가 직접 체험교육을 시키던 일이 아직도 생생하다고 했다. 책에서 본 생태교육을 처음으로 현장에서 활용하였다. 강사진이었던 일명 '양심 있는' 학자들이 직접 아이들을 데리고 현장 강의를 진행하기도 했다. 프로그램은 다소 투박하지만 현실적이었다. 오염에 대한 '인식'과 이를 해결하기 위한 '행동'을 끌어내는 데 중점을 두었다. 전문가의 생생한 현장 강의에 목회 경험이 있던 여진구의 레크리에이션 기술이 더해져 아이들은 즐거워했다.

90년대 초반 '주말어린이환경학교'에서 출발한 어린이환경교육 프로그램은 방학기간 이루어지는 '어린이환경캠프'로 이어졌다. 1993년 1월 어린이환경학교 겨울캠프 이후, 그해 여름부터는 사회단체뿐 아니라 기업체들까지도 방학마다 환경캠프를 개최하기 시작해 급속도로 확산되었다. 당시에는 이런 프로그램이 많지 않아 광고가 나가면 한 시간 이내에 마감이 될 정도였다. 그러면서 또 다른 갈등이 생겼다. 여진구는 소규모의 '교육다운' 교육활동을 원했지만, 조직은 더 많은 사람에게 알리고 참여시키는 규모가 있는 사업을 원했다. 흔히 환경단체에서 기획한 교육 사업이 직면하게 되는 갈등은 교육과 운동의 본질과도 관련된다. 교육이 운동적 성과로 나타나려면 많은 사람에게 알리는 것이 우선이겠지만, 교육적 성과로 나타나려면 개인의 내면 변화에 충실해야 하기 때문에 이 같은 갈등이 생긴다. 때문에 교육의 목적과 중요성을 어디에 둘 것인가 하는 문제는 환경교육운동의 현장에서 수시로 벌어지는 딜레마이다. 교육이 기획 사업으로 혹은 운동을 위한 하나의 전략으로만 간주될 때, 교육적 지향은 혼란스러운 상황에 직면한다.

당시 교육경험은 여진구에게도, 아이들에게도 특별했다. 벌써 20여년이 지났지만 아이들과 함께한 시간은 아직도 생생하다. 그는 체험하고 느끼는 교육이 왜 중요한지 아이들로부터 배웠다. 아이들 스스로 깨닫고 느끼는 교육, 그렇게 감수성을 일깨우는 현장의 교육경험은 그에게 행복했던 기억이기도 하다.

> 겨울눈을 관찰해보자. 조별로 딱 해서, 하나만 딱 꺾어봐라. 눈 속에 눈 파헤쳐서 떠 가지고 어떤 생물이 겨울을 어떻게 자고 있는지, 눈 걷어내서 관찰해 가, 조별로 막 그림 그려서 관찰해서 발표도 하고. 그때 초창기였는데 지금 교육하는 거 하고 뭐, 나무 눈 관찰 하자고 해 가지고, 끊어가지고 관찰해보고, 조별로 관찰해서 발표하는 거야. 교육 뭐, 일방적으로 안 하고… 그러면 아이가 오히려 더 신기해 해. (…) '선생님, [나무의] 눈 있는 데는 절대로 안 부러져요, 가지가.' 그거를 스스로 깨우치니까 스스로 감동도 되고 (…) '야, 우리 하늘을 한번 보자! 눈을 한번 보자!' 그랬더니 애들이… 저도 어떤 느낌이었냐면, 처음이에요. 눈, 이 하늘로…. 눈 내리는 하늘로 내가 날아가는 기분…. (여진구 차, 14~15면)

> 직접 아이들을 교육할 때가 제일 행복했던 것 같구요, 직접 교육할 때…. (여진구 2차, 19면)

생태보전을 위한 환경교육

공추련, 환경운동연합, 그린훼밀리운동연합 등을 거치며 환경교육과 환경운동을 해오던 여진구는 1998년 서울 은평 지역을 기반으로 생태보전시민모임을 시작했다. 그가 꿈꾸던 지역운동을 본격적으로 시작하게 된 것이다. 생태보전시민모임은 "자연생태계의 환경을 보호하고 복구하여 삶의 질을 향상시키고 인간과 자연이 조화롭게 살 수 있는 터전을 만드는데 이바지함을 목적"으로 설립되었다.[8] "자연

---

8) 생태보전시민모임 홈페이지, 단체 정관 참조.

생태보전을 위한 대규모 생태계파괴 감시 및 저지 사업, 환경생태 보호 및 멸종 위기종 보호사업, 교육 및 생태교육지도자 양성사업, 연구조사사업, 지역단체 및 시민사회단체와의 연대사업, 국제협력사업, 생태트러스트사업, 출판사업 등"을 주요 활동으로 하고 있다. 이 단체는 환경교육전문단체는 아니지만 지역 환경을 기반으로 한 모니터링 조사활동과 함께 자원활동가 양성을 통한 환경교육에 역점을 두었다. 때문에 환경교육운동의 대표적 단체로 알려져 있다. 이런 단체가 탄생할 수 있었던 것은 그의 환경운동과 환경교육에 대한 생각, 그리고 지역운동에 대한 생각이 영향을 미쳤을 것이다.

여진구에게 환경교육은 생태보전운동의 목표를 실현하는 데 있어서 필수요소이지 그 자체가 목표는 아니었다. 그는 인간의 삶의 터전인 생태계, 즉 "자연을 보존하기 위해" 환경교육운동가가 되었다. 그는 교육이 운동의 확산을 가져올 수 있다는 확신을 갖고 있다. 생태보전운동에 교육을 접목했을 때 엄청난 폭발력을 갖는 것을 체감했기 때문이다.

> 교육을 많이 하고는 있는데 그건 생태계 보전운동이지, 교육운동은 아녜요. 저는 뭐에 주목 하냐면, 교육과 조직은 사회를 진전시키는 필수 요소지 선택적 요소가 아니라는 거예요. (여진구 1차, 20면)

문창식　보람은 있었지만 행복했는가?

페놀오염사건, 환경운동가 되기

문창식은 대학 졸업과 함께 참길회에서 만난 아내와 결혼을 결심하면서, 부모님의 기대를 저버릴 수 없어 대기업에 취직을 했다. 적성에 맞지 않는 전자공학을 전공하고 전자제품을 생산하는 대기업에 취직을 했지만, 인사연수 분야에 속했던 연수원 근무에 지원했다. 전공보다는 교육 분야에 관심이 있었기 때문이다. 연수원에서는 전공과 관련된 기술교육 분야를 담당했다. 조직생활은 그럭저럭 재미있었고, 조직 운영이나 사람 관계에 대해 배우기도 했다. 하지만 그곳에서 2년이 되어 갈 때쯤 '내가 있어야 할 곳은 아니겠다'라는 생각을 했다.

그러던 차에 결정적으로 그의 마음을 바꿔놓는 사건이 발생했다. 바로 91년 3월에 발생한 낙동강 페놀오염사건이었다.[9] 이 사건이 있고나서, 그는 봉사활동으로 자주 찾던 복지관에서 아이들이 오염된 물을 그대로 마시는 모습을 보고 큰 충격에 빠졌다. 환경오염의 폭력적인 상황들에 약자인 아이들이 그대로 노출 돼 있는 모습을 보고 그의 마음이 움직이기 시작했다. 이 사건을 계기로 그는 페놀사건대책위원회, 공해추방운동협의회 활동에 참여했고, 급기야 아내를 설득해 전업 환경운동가의 길로 들어서게 되었다. 그는 결혼을 하면서 아내와 서약을 했었다. 사회적 활동이 필요할 때는 서로 존중하고 지원해주자는 것이었다. 참길회 활동을 함께 했던 아내는 "나는 가정경제를 책임질 테니, 당신은 사회경제를 책임져라"면서 그의 활동에 힘을 보태주었다.

> 그때 페놀사건 터지고 나서 대구 외곽도로는 전부 그 교통 정체현상을 막 빚었거든. 그 페놀이 섞인 수돗물을 못 먹으니까 약수 뜨러 간다고. 그런데 인제 이 아동복지시설의 애들은 내가 들어갔는데 그 수돗물을 그냥 벌컥벌컥 마시는 거야. 그걸 이렇게 딱 대하

---

9) 낙동강 페놀오염사건은 1991년 3월 16일, 경북 구미시 두산전자 구미공장에서 발생한 것으로 알려져 있다[발생일은 3월 14일로 알려져 있기도 하다]. 대기수 일원에 공급되던 수돗물에서 불쾌한 냄새가 발생한 사고였다. 페놀원액 저장탱크에서 수지 생산 공장으로 페놀원액을 공급하는 과정에서 평소 사용하던 지상 파이프가 고장 나 예비용 지상 파이프를 사용하던 중, 연결부에서 원액 약 30톤이 유출되어 배수구를 통해 낙동강으로 유입된 사건이다. 1차 조업정지 30일 이후, 시운전을 거쳐 정상가동 중 1991년 4월 22일에 다시 2차 사고가 발생하여 64일의 조업정지가 내려지기도 했다. (환경부 홈페이지 참조)

는 순간, 엄청 충격이, 이 환경, 환경이라는 부분과 함께 환경의 피
해, 피해가 결국에는 경제적인 이런 그… 이유로 약자들에게 전가
될 수밖에 없는, 신랄하게 그걸 본 거지. (문창식 1차, 11~12면)

문창식은 1991년 12월 31일자로 회사를 정리하고, 1992년 참길회
를 통한 복지운동을 준비했다. 그의 관심은 환경운동보다는 환경문
제로 인한 사회적 불평등을 극복할 수 있는 복지운동을 체계적으로
해보는 데 있었다. 그 당시 환경운동을 주도적으로 했던 공추협의
사무국장이 공석이었는데, 페놀사건 때 만난 한 선배가 그를 공추협
에서 활동하도록 6개월 정도 집요하게 설득했다.[10] 그 선배는 치과
의사로 오전에는 진료를 하고, 오후에는 운동을 할 만큼 열정적이었
다. 그는 선배의 권유를 더 이상 뿌리칠 수 없었다. 1992년 그는 "앞
으로 5년만 [환경운동을] 하겠다"고 선언했다. 그렇게 시작한 환경
운동은 2007년 12월 31일까지 15년간 지속되었다.

대구환경운동연합에서 일하는 동안 그는 교육활동에 크게 관여하
지 못했다. 다양한 환경 현안에 대응해야 했기 때문에 마음은 있었
지만 바빴다. 교육사업은 교육담당자에게 맡겨 두었다. 지금에 와서
생각해보면, 프로그램에 의미를 부여하고 참가자 한 사람 한 사람에
게 정성을 기울이기보다는 이벤트 중심으로 활동하지 않았나 하는
반성도 되고, 아이들에게 미안한 마음도 든다고 했다.

성찰과 새로운 구상

2003년, 문창식은 자신을 돌아볼 수 있는 성찰의 기회를 갖게 되
었다. 1992년에 본격적인 시민운동을 시작한 그는 그즈음 환경운동

---

10) 이 선배는 이후 2005년 제10대 환경부장관을 지낸 이재용이다. 당시 치과의사로 건강
    사회를위한치과의사회 초대대구회장(1988~1990), 극단 '처용'의 대표(1981~1989),
    대구환경연합 집행위원장(1991~1995), 페놀사태해결을위한시민대책위원회 집행위원장
    (1991~1995) 등의 활동을 하고 있었다.

경력 10년을 넘어서면서 새로운 운동에 대해 고민하고 있었다. 자연스러운 현상이었다. 환경운동은 1990년대 초반 폭발적으로 확산되기 시작했고, 당시 조직을 만들고 활동을 시작했던 전국의 환경단체들은 비슷한 처지에 놓여 있었다. 10년차, 15년차를 넘어서는 선배운동가들이 사무국장, 사무처장, 운영위원장, 대표까지 역할을 바꿔가면서 활동하는 것도 한계가 있었다. 상근을 하게 되면 실무에서 벗어나 운영위원장이나 대표로 직함만 바뀔 뿐, 인적 적체 현상은 해결되지 않았다. 새로운 운동 영역을 만들어 후배들에게 길을 열어주어야겠다는 생각이 커져갔다. 한편으로는 너무 현안에 치이고 매몰되다 보니 생각하고, 고민하며, 동료들과 토론할 시간도 부족했다. 최일선에서 싸우고 부딪치는 운동을 하다 보면, 깊이 고뇌하고 토론하면서 내용을 채워나가는 일은 미뤄둘 수밖에 없었기 때문이다.

그러던 차에 중견활동가들을 위한 연수기회가 주어졌다. 그는 2003년 필리핀에 위치한 '아시안브릿지(구. 아시아NGO센터)'에서 진행한 시민활동가 대상 장기 연수 프로그램에 참여했다.[11] 쉬면서 운동과 삶을 돌아보자는 취지의 프로그램이었다. 비슷한 시기에 운동을 시작한 시민운동가들도 그와 비슷한 고민을 하고 있었고, 운동에 피로감을 느끼고 있었다. 이 프로그램은 그들에게 숨통을 트게 해 주었다. 그에게 이 연수경험은 새로운 삶을 살아가고 새로운 운동을 시작하는 데 의미 있는 경험이 되었다. 자신이 해 온 운동과 운동가로서 자신의 삶을 돌아보는 계기가 되었기 때문이다. 그는 스스로 해온 운동이 지역운동이라 여겼지만 뭔가 빠져 있는 것은 아닌지, 주민들의 생활과 밀착하지 못한 도시운동을 한 것은 아닌지 하

---

11) 아시안브릿지(구 아시아NGO센터)는 2003년 2월 필리핀 마닐라에 개소하면서, 시민운동가 대상 단기, 장기 프로그램을 진행하고 있다. 문창식이 1기로 참여했던 장기 연수 프로그램은 시민운동가를 대상으로 매해 1~2회씩 3~6개월 간 집중적으로 진행된다. 1기부터 현재까지 매회 2~10명의 연수생들이 참여해왔다. (아시안브릿지 홈페이지 참조)

는 생각이 들었다. 주민들 스스로 생각하고, 그들이 힘을 모으고, 이를 통해 사회의 변화를 이루는 운동을 해야 한다는 근본적인 깨달음은 새로운 운동을 구상하는 데 밑거름이 되었다.

> 시민운동 해온 걸 좀 돌이켜 보니까, 물론 아주 필요하고 또 열심히 해볼 만한 일이었는데, 굉장히 좀… 뭔가 빠져 있는 부분이 있다… 그게 좀 구체적으로 생활 현장에 내려가서 사람들을 만나고, 또 그 사람의 어떤 의식변화나 또 생활의 변화를 통해서 이렇게 또 뭔가를 실현하는… 뭐 쉽게 이야기해서 생활과 밀착된 그런 주민운동, 이게 좀 빠져 있는 도시운동을 내가 했구나. (문창식 1차, 16면)

한편으로는 운동을 하는 동안 스스로 행복했나 스스로에게 묻고 있었다. 행복한 운동이라기보다는 과도한 사명감과 책임감에 눌려 있지는 않았는가? 그는 운동이 보람됐지만 그동안 행복하진 않았다고 생각했다. 그래서 그는 '행복한 운동가 되기'를 새로운 운동의 가장 중요한 기준으로 삼았다. "내가 행복하고, 나로 인해 가족과 주변 사람들이 행복한 일을 해야 되겠다"는 것이 그의 결심이었다.

필리핀 연수는 문창식에게 새로운 운동과 삶을 시작하게 해준 의미 있는 교육적 경험이자 삶의 경험이 되었다. 연수를 통해 얻은 '행복한 운동가, 지역운동의 실현'의 꿈은 이후 삶의 화두가 되었다.

나의 변화, 아이들의 변화

한국에 돌아와서, 그는 삶의 변화와 운동의 변화를 하나하나 실행해 나가기 시작했다. 우선 자녀들을 제도권 교육에서 해방시켰다. 경쟁의 질서에서 강요받고 억압당할 때 아이들 개개인의 인격체가 얼마나 힘들까 생각했다. 경쟁에서 살아남아야 행복을 보장받는 것처럼 여겨지는 학교교육에서 벗어나, 아이들이 정말 하고 싶은 일을 찾아가고 선택하게 하고 싶었다. 아이들에게 대안교육을 소개했을 때 다행히 잘 받아들였다. 그들은 스스로 대안학교를 선택했고, 대안학교에 다니면서 행복해했다. 두 자녀가 행복해하는 모습은 그에게 또 다른 자극이 되었다.

제도권 교육에서 벗어나 새로운 틀에서 교육을 받게 된 아이들은 부쩍 성장해 갔다. 아이들의 성장과 변화는 그에게 질문으로 다가왔다. 아이들이 새로운 세상을 보고 만난 이야기를 들으면서, '우리들은 대안적인 삶을 살기 위해 이렇게 노력하는데 당신은 어떤 노력을 하고 있느냐, 어떻게 살고 있느냐'라고 묻는 것 같았다. 아이들이 하나하나 깨닫고 성장해 갈 때마다 부모인 그도 자극을 받아 그동안 꿈꾸던 세상을 만드는 일에 한걸음 더 나아갈 수 있었다. 이제 아이들은 그가 하는 일을 누구보다 좋아해주는 든든한 지원자이다.

청소년, 강을 노래하다

필리핀에서 돌아온 후, 그의 화두는 줄곧 주민들의 삶과 좀 더 밀착된 주민운동, 그리고 행복한 운동가가 되는 것이었다. 때문에 단체의 활동에도 변화가 생겼다. 전국 조직에 가치와 철학을 담은 학교의 설립을 제안하기도 하였고, 지역의 대안교육에도 참여하기 시작했다. 제천간디학교와의 인연도 그 시절에 깊어졌다. 그리고 또 하나의 경험이 보태졌다.

대안교육 진영에서 제안이 들어왔다. 운하문제가 사회적으로 큰 논란거리가 되는 만큼 대안교육 진영에서 청소년들이 직접 강을 보면서 생각하고 토론해보는 기회를 만들자는 것이었다. "선입견을 갖고 강을 보지 말자"는 게 참가자들과 그의 생각이었다. "강 자체가 갖고 있는 가치와 환경의 소중함을 몸으로 느껴보고 나서, 각자의 관점에서 운하에 대해 이야기해 보자"는 것이 이 여행의 목적이었다.[12] 홈스쿨링이나 대안교육에 참여하는 아이들이 자발적으로 모여 47박 48일 동안, 한강에서 낙동강까지 650km를 걷는 일정이었다. 문창식은 이 순례단(공식명칭은 '청소년 강강술래단')을 총괄하는 지원 단장을 맡았다. 하루 20km 이상을 걷는 강행군이었다. 처음에는 걷기에 급급했던 아이들은 어느 샌가 강, 새, 바람, 자연을 느끼고 있었다. 시간이 지나면서 아이들의 생각도 자랐다. 강가를 걷고, 지역 주민들을 만나는 동안 주민들의 고민과 환경문제의 갈등을 이해하기 시작했다. 그 과정을 통해 아이들은 자신의 생각을 저마다 정리해가고 있었다. 아이들은 때로는 파괴된 자연을 대하면서 마음 아파했고, 운하에 희망을 걸고 찬성하는 주민들을 만날 때면 생각이 흔들리기도 했다. 그러면서 스스로의 이야기를 만들어갔다.

> 순례단은 순례 41일째인 5월19일, 맑은 별이 쏟아지는 강가에 앉아 소중하고 진지한 토론을 벌였다. (…) "반대이긴 한데 많이 흔들리기도 한다. 많은 이들이 운하를 찬성하기도 하는데 그들은 그것에 희망을 걸었다. 그 희망을 우리가 짓밟는 것 같아서 흔들리기도 했지만 운하는 반대한다." (…) "인간이라는 그런 위치에서 사람들이 너무 욕심을 많이 부린다고 생각한다. 자연훼손을 함부로 하는 게 싫다. 이기적이다. 강에 살고 있는 생물과 자연스러운 강을 없앤다는 사람들의 마음이 싫다. 죄 짓는 느낌이다. 마음이 아프다." (시민사회신문 2008년 06월 05일자)

도보순례 막바지에 이르러서는 진지한 아이들 때문에 단식 도보를 해야 하는 사건이 발생하기도 했다. 디딤돌[대표]을 맡은 친구가 도보 순례 막바지에 이르러서 진지함이 부족했던 강강수월래단에 대한 책임을 지고 반성하는 의미의 1인 단식을 선언한 것이다. 진지하게 반성하고 자신들을 돌아보는 아이들의 모습은 또 한 번 그를 감동시켰다. 그렇게 23명의 아이들이 전 구간을 완주했다.

---

12) 한겨레 2008년 5월 13일자 참조.

아이들의 변화는 기대 이상이었다. 그는 아이들과 함께 보낸 두 달 동안 그들의 변화를 고스란히 체험했다. 그는 아이들 스스로가 잠재적 역량을 끌어내어 공동체를 만들어가는 모습을 보면서 "이게 진짜 교육이다" 싶었다.

김혜애 | 운동영역을 확장해야겠다!

"소프트한" 운동으로

김혜애는 진로를 고민하던 시기, 처음에는 방송 일을 하고 싶었다. 언론이 중요하다고 생각했고, 언론 쪽 일을 하고 싶어서 대학원을 준비하기도 했다. 하지만 어느 순간 "덧없다"는 생각이 들었나. 그 무렵 한 선배의 소개로 당시 나라사랑청년회 활동을 하고 있던 김제남[13]을 만나게 되었다. 87년 민주화항쟁 이후 대중조직들이 급속도로 늘어나던 89년도의 일이다. 둘은 "소프트한" 성격의 대중조직을 만들고 싶었고, 평화운동에도 관심이 있었다. 대중적인 운동을 찾던 그들은 온산병, 페놀사건 등으로 사회가 시끄럽던 시절, 환경을 하나의 운동 "아이템"으로 선택하였다. 100여명의 나라사랑청년회 회원들과 91년 6월 '푸른한반도되찾기시민의모임'(이하 푸른한반도)을 창립하였다. 이후 94년에 '푸른한반도'는 '배달환경클럽'과 통합하여 '배달녹색연합'으로 탄생하였고, 96년엔 '녹색연합'으로 개칭하게 되었다. 회원들은 30~40대 직장인들이 대부분이었다. 상근자는 김제남[14]과 최승국,[15] 김혜애 3명이었지만, 저녁마다 40명 정도의 회원들이 평화모임, 환경모임, 풍물모임 등으로 모이는 조직화된 운동이었다. 초기에는 반핵운동이 활발히 이루어졌다. 당시 반핵

---

13) 김제남은 김혜애와 함께 녹색연합을 만들었고, 최근까지 함께 활동해왔다.
14) 전 녹색연합 사무처장
15) 전 녹색연합 사무처장

운동 시위를 함께했던 단체로는 공추련, 환경과공해연구회, 기독교
환경운동연대 등이 있었다.

초기 환경운동의 고민은 적극적 시민을 만들어 내는 데 있었다.
'그들만의 리그' 혹은 '시민 없는 시민운동'에서 벗어나, 시민들이
'참여하는 시민운동'에 대한 갈증이 있었다. 그러기 위해선 회원을
늘리고 적극적인 주체로서의 시민을 길러내야 했다. 보다 대중적인
운동이 필요했다. 야생동물을 사랑하는 모임이나 등산모임과 같은
소모임이 조직되었고, 그 과정에서 교육활동은 필수적이었다.

> 그 당시[90년대 초반]에 단체들이 가진 고민이 그거였던 거 같아
> 요. 회원 확대와 아울러서 어떻게 회원들을 단체 활동에 좀 적극
> 적으로 참여할 수 있게 만들고, 좀 주체로 나설 수 있을, 있게 할
> 것인가. 하면서 이제 고민했던 게 녹색연합이나 환경단체 같은 경
> 우에 다양한 소모임을 많이 만들어내기 시작했죠. 그니까 직접 정
> 치 전선에 이 사람들 뛰어들게 하는 건 굉장히 부담스러운 일이었
> 기 때문에, 환경 관련해서 그들의 관심 영역에 맞는, 예를 들면 산
> 타기 모임이라든지, 아니면 야생동물을 사랑하는 사람들의 모임이
> 라든지, 주부들 모임 이렇게 만들어서 실제 조금 더 적극적으로
> 그 운동영역에 나설 수 있게 노력하는 이러한 부분들이 있으면서,
> 그것과 아울러서 병행된 게 사실은 교육이었던 거 같아요. (김혜
> 애 2차, 1~2면)

돌이켜 볼 때, 당시의 교육운동은 회원을 배가시키는 매개이기도
했고, 어떤 사회적 이슈에 일희일비하지 않는 적극적인 지지자를 만
들어내는 역할을 해 주기도 했다. 그리고 회원들의 관심과 감성은
교육을 통해 신념과 지향으로 내재화 되었다.

기업협력 환경교육

90년대 후반에 접어들면서 재정의 안정화가 필요하다는 생각을
할 때쯤, 김혜애는 조직에 기업협력 사업을 제안했다. 내부에서는

찬반 논란이 뜨겁게 일었다. 환경오염의 주범이 기업이고, 환경운동의 중요한 역할은 그런 기업을 감시하는 일이라는 인식이 컸기 때문이다. 기업의 돈을 받는다는 것은 민감한 문제였다. 특히 기업이 마케팅 전략으로 운동 단체에 접근하는 것에 대한 문제의식도 컸다. 이전에도 이러한 내부논쟁은 있었지만, 이번에는 달랐다. 외부적으로 이미 환경운동연합에서는 90년대 초반 리우회의 참가 과정에서 기업후원에 대한 뜨거운 논쟁과 진통을 겪고 난 뒤, 90년대 중반부터는 기업협력 사업들이 활발했던 시기였다.[16] 다른 시민사회단체들에서도 NGO의 마케팅 전략이나 기획사업에 대한 필요성이 확산되고 있었다. 그녀는 조직을 설득했고, 기업협력을 성공적으로 정착시키기 위해 직접 기업협력 환경교육 사업을 맡게 되었다.

> 기업의 후원을 받는 거랑 기업협력 사업을 한다는 건 좀 다른 거 같고, 기업의 후원을 받는 건 지금도 되게 까다로워요. (…) 환경운동이라는 게 인제 기업의 활동을 감시하는 거랑, 또 사회 모든 영역을 변화시킨다는 거랑 좀 다른 차원의 문제였기 때문에 기업들이 그… 환경오염의 한 주체든, 아니면 어쨌든 같이 해결해나가야 될 주체든, '그들도 변하게 만들어야 된다'라는 건 굉장히 중요하게 생각을 했었고…. (김혜애 2차, 6면)

이렇게 해서 기업협력 사업의 모델을 만들어내기 위해 기획사업팀이 조직되었다. 협력의 대상은 기업 자체가 환경적으로 문제가 없어야 함을 원칙으로 삼았다. 다른 사회단체와 이슈가 걸려있는 기업은 타 단체의 양해를 구하기도 했다. 목적은 두 가지였다. 고질적인 재정문제를 적극적으로 해결하는 것, 그리고 기업들이 환경문제에 대해 관심을 가지고 접근할 수 있는 통로를 만들어 주는 것이었다.

그 이후에도 갈등이 없었던 것은 아니다. 기업협력 사업을 교육사

---

16) 차수철의 '녹색생명운동' 부분에 보다 상세히 기록하였다.

업으로 볼 것인가, 재정사업으로 볼 것인가에 대한 논쟁이 있었다. 단체가 추구하는 방향으로 가져갈 수 있는 프로그램도 있었지만, 그렇지 않은 경우도 있었기 때문이다. 어느 순간 그 둘을 구분할 필요성을 느꼈다. 교육 프로그램의 형태를 띠더라도 단체가 추구하는 교육적 가치를 부여할 수 있는 경우 교육사업으로 진행하고, 그렇지 않은 경우에는 기획사업 혹은 재정사업으로 진행하기로 했다.

<blockquote>
협력하고 있는 저쪽 기관의 논리가 너무 강해서 그거를 우리가 어찌하지 못할 경우에는 이걸 교육사업으로 가기가 힘든 문제가 생기니까, 그럴 경우에 아예 우리가 인식을 재정사업으로 해버리자라는 경우도 있어요. 그니까 재정기획사업으로… 그러면 교육파트에서 굳이 담당을 안 하는 거예요, 그 사업은. (김혜애 2차, 9면)
</blockquote>

전문 교육운동이 필요하다!

김혜애는 어느덧 활동경력 15년차를 넘어서고 있었다. 그즈음 "교육사업 아닌 교육사업"(재정사업으로서의 교육사업)을 하게 되다 보니, 단체 안에서 교육운동의 필요성을 느끼던 몇몇 후배들은 그녀에게 교육영역을 보장해 주길 원했다. 하지만 현안에 따라 업무가 조정되는 조직에서 그들의 의견을 효과적으로 수렴하기란 쉽지 않았다. 당시에는 그렇게 할 만한 조직적 여력이 없었기 때문이다.

<blockquote>
교육을 고민하는 한두 친구들이 사실은 조직 내에서 교육팀의 독립된 부서를 만들어주길 되게 바랬었죠. 그때는… 교육만을 고민을 하고, 그 시스템을 만들어가고 하는 그걸 바랬었는데, 그 당시가 2005년 이전이기 때문에 녹색연합에서 그럴 수 있는 역량은 아니었어요. (…) 조직에서 필요성은 갖고 있었지만, 그만큼까지의 역량은 안 됐었던 것 같아요. (김혜애 2차, 10면)
</blockquote>

조직운영을 책임져 왔던 김제남이 안식년에 들어가면서, 그녀는 함께 활동을 시작했던 다른 활동가와 함께 후임 사무처장으로 거론

되었다. 그녀는 사무처장을 할 생각이 없기도 했고, 자연스럽게 '비켜주고 싶기도' 했다. 한편으로는 15년을 운동한 선배로서 뭔가 '운동 영역을 확장 해야겠다'는 생각이 있었다. 또한 이면에는 운동 방식에 대한 회의도 있었다. 지금의 운동 방식은 '길게는 10년, 짧게는 5년 뒤에는 힘들어질 수도 있겠다'라는 생각을 했다. 생활방식을 바꿔야 하는 환경운동을 시위만으로 해결할 수는 없는 일이었다. 대중의 언어로 소통할 수 있는 '어떤 방식'으로 전환할 필요가 있지 않을까 생각했고, 그래서 환경문제의 근본적인 해결 방법을 교육 영역에서 찾아야 되지 않을까 하고 생각을 하기 시작했다. 마침 같은 연배의 다른 사회단체 운동가들에게서 비슷한 고민과 이에 따른 운동 방식의 전환 시도들을 감지할 수 있었다.

이렇게 교육운동에 대한 그녀의 고민은 점차 심화되었다. '환경운동가 되기'와 마찬가지로, 그녀의 '환경교육운동가 되기'는 자연스럽게 다가왔고, 천천히 진행되었다.

문용포 내가 잘할 수 있는 운동을 하자!

'환경운동가 문용포'

사회의 변동을 겪고 문용포는 다시 고향으로 돌아왔다. 몸도 마음도 지쳐있던 차에 『오름나그네』란 책을 만났다.[17] 여행을 좋아했던 그는 제주의 오름을 하나씩, 이틀이 멀다 하고 오르기 시작했다. 그러다 우연히 환경단체에서 환경의 날 행사로 진행한 오름을 지키기 위한 사진전의 안내를 맡게 되었다. 인터뷰를 마친 방송사는 난감해했다. 인터뷰를 해준 그가 특별한 직책 없이 회원으로 활동하고 있었기 때문이다. 기자는 알아서 하겠다고 하더니 "환경운동가 문용

---

17) 『오름나그네』(김종철, 1995)는 제주태생 작가인 김종철의 탐방기로, 330여개 오름을 소개한 책이다.

포"라는 자막을 내보냈다. 예기치 않은 사이 전국적으로 환경운동가로 알려지게 되었고, 여기저기서 응원과 지지를 받았다.

이 사건 때문만은 아니었지만 그 일이 있은 뒤, 그는 선배들의 제안을 받아들여 제주참여환경연대에서 활동을 시작하게 되었다. 참여자치, 환경보전, 지역의 전통문화 계승을 위한 활동을 주로 하는 단체였다. 단체 활동을 시작하면서 오름 지역 군락을 지나는 송전탑 건설 반대 운동을 하게 되었다. 그러면서 '오름을 사랑하는 모임'도 만들고, 친구들의 아이들을 데리고 수없이 오름을 다녔다. 오름의 아름다움과 소중함을 알아야 그것을 지킬 수 있다고 생각했고, 그 실천을 위해 탄생한 것이 '어린이오름학교'였다. 처음에는 단순히 오름이 좋고 아이들이 좋아서 시작했지만, 그 과정에서 자연스럽게 환경교육을 경험하고 있었다.

어린이오름학교

문용포는 '환경운동가'란 타이틀로 시민운동을 시작했지만, 시간이 지나면서 꼭 투쟁을 하지 않더라도 시민들을 만나고, 마음을 움직이는 교육을 통해 사회를 변화시킬 수 있다는 믿음이 커져갔다. 그렇게 꾸리게 된 '어린이오름학교'는 이후 11년을 이어갔다. 그는 이 프로그램을 진행하면서 아이들을 어떻게 만나야 하는지, 자연을 어떻게 만나야 하는지 스스로 깨닫고 있었다. 그리고 그 경험은 '곶자왈작은학교'를 만드는 밑거름이 되었고, 문용포에게는 본격적인 환경교육운동의 시작이기도 했다.

그는 아이들과 오름을 오르면서 달라진 게 있었다. 처음 그는 생태, 문화, 역사에 대해 이론적으로 접근했다. 그러나 아이들은 보고, 듣고, 만지고, 느끼는 순간을 즐거워 한다는 것을 알게 되었다. 그는 자연과 아이들의 관계 맺기가 더 중요하다는 것을 깨달았다. 오감을 통해 잠재된 감수성을 이끌어내면서, 자연이 주는 치유와 혜택을 즐겁게 체험할 수 있는 교육활동을 고민했다. 지금 그가 좋은 환경교육운동가로 성장한 것은 무엇보다 함께한 아이들로부터 자연을 만나는 방법을 배울 수 있었기 때문이기도 하다. 급기야 그는 사무처장 직을 내려놓고, 시민교육사업을 전담했다. 그는 자신이 좀 더 잘할 수 있고, 하고 싶은 일을 하고 싶었다. 사무처 전체를 맡던 사람이 한 팀만을 맡는 일은 이례적이었지만 조직은 그의 뜻을 존중해주었다.

다시 꾸는 교사의 꿈

그는 어릴 적 교사의 꿈을 다시 꾸고 있었다. 이번에는 제도권 안에서의 교사가 아니라 '정형화되지 않은' 교사의 꿈이었다. "그림을 그려놓고 그림대로 하라"는 식으로 일정표를 짜놓고 진행하지도, 꼭 환경교육을 해야겠다는 식도 아니었다. 하지만 '한라생태학교', '길 위에 학교', '나무교실', 이런 식으로 프로그램에 학교나 교실 이름을 붙였던 것은 교육에 대한 열망의 표현이 아니었나 하는 생각이 든다. 그는 프로그램을 하면서 교사 모임도 이어갔다.

> 교사란 거는 딱 정해진 정부에서 인정한 교사만이 아니라, 우리가
> 충분히 뭐 교육을 할 수 있고, 교사란 걸 할 수 있는 거구나 생각을
> 해서 내가 할 수 있는 또 이런 게 있구나…. (문용포 1차, 21~22쪽)

이렇게 그는 환경교육가로 성장해갔다. 어린 시절 그의 바람대로 '좋은 선생님 되기'에 한걸음 더 다가서고 있었다.

다시 운동가로

차수철은 새로운 곳에서 새로운 일을 찾아 방황하던 시기에 중요한 사람을 만나게 되었다. 아내의 친구 가운데 환경단체 활동가가 있었는데, 그 친구가 민주화운동을 했던 남편과 함께 집에 놀러왔다. 그들은 시민운동을 해보라는 권유를 했고, 이후 당시 환경운동연합의 사무총장이었던 최열을 소개해주었다. 이를 계기로 96년에 그는 시민운동가이자 환경운동가로서의 새로운 삶을 시작하게 되었다. 당시에는 시민운동이나 환경운동에 대한 구체적인 기대감보다는 농민운동이든, 노동운동이든, 환경운동이든, 인권운동이든, 통일운동이든, 무엇이든 '운동'을 할 수 있다는 것만으로도 그에게 의미가 있었다.

환경운동은 개인적으로 많은 인식의 변화를 가져왔다. 기본적으로 시각을 넓혀 주었다. 자연을 공부하다 보니 모든 것이 얽혀 있었다. "세상이 하나의 가치만으로 해결되는 게 아니구나!" 자연과 인간의 '상생'에 대해 생각하게 되었다. 이전의 운동은 공동선을 지향하지만 어떤 측면에서는 편협한 것일지 모른다는 생각이 들었다. 환경운동은 그에게 보다 외부 지향적이고, 다양한 가치에 눈을 뜨게 해주었다.

녹색생명운동

차수철이 환경운동연합에 들어오게 된 1996년 즈음, 환경운동 진영에서는 큰 변화가 진행되고 있었다. 민중운동에서 시민운동으로 정착되는 과정에서, 환경운동도 대중운동으로 특질의 변화가 진행되었다. 이렇게 시민운동으로서의 환경운동이 대중화를 꾀하는 과정에서 나타난 중요한 현상 가운데 하나는 NGO와 기업 간의 협력 관계 구축이었다. 1980년대 후반부터 1990년대 초반까지 우리 사회를 강타했던 환경 사건들로 국민들의 환경의식은 급격히 확산되었고, 환경에 대한 언론과 기업의 인식도 눈에 띄게 달라져 있었다. 시민운동의 대중화와 여론에 부응하는 언론과 기업의 움직임이 맞아떨어지면서, NGO-기업-언론사의 협력관계가 형성되었고, 막강한 파워를 발휘하게 되었다. 대표적 사례로 1994년부터 시작된 한국일보-현대자동차-환경운동연합의 '녹색생명운동', 어린이와 청소년의 교육사업을 중심으로 한 동아일보-그린훼밀리운동연합의 '그린스카우트 운동', 조선일보-녹색연합의 '샛강 살리기 운동'을 들 수 있다.

그에게 주어진 초창기 환경운동의 과제가 바로 '녹색생명운동'이었다. 시민과학의 형태로 진행한 전국 해수욕장의 수질 오염도 조사, 옥상의 금속 부식도 조사, CO2 캡슐 운동은 사회적으로 큰 반응을 얻었다. 여의도 광장에 태양광 자동차, 하이브리드 자동차 등을 전시하는 '지구의 날 행사' 혹은 '환경한마당' 등을 열었고, 11박 일정의 400명이 참가하는 국토탐사를 진행하기도 했다. 조사활동의 일환으로 진행된 답사 프로그램은 이후 자연과 교감하고, 생태적 감수성을 키우는 '생태기행'이라는 체험 프로그램으로 거듭나기도 했다. 이처럼 대규모 활동들은 환경교육의 교육적 가치와 충돌하는 측면이 있었지만, 한편으로는 교육활동의 성격과 규모면에서 그 범위를 넓히는 역할을 했다. 문화적, 생태적 감수성이 가미된 대중적인 환경교육 활동들은 이후 전국 각 단체들의 회원사업 영역으로 자리매김하게 되었다.

그의 인식은 새로운 방식의 운동을 통해 보다 넓어지고 다양해졌다. 그는 당시의 그런 변화-대규모 기획사업과 시민참여 캠페인 형식의 운동-을 '방향의 전환'이라기보다는 '영역의 확장'이라고 보았다. 왜냐하면 주요하게 해오던 반핵운동, 강 살리기 운동과 같이 주창형 운동은 계속 진행하면서, 동시에 시민들이 참여할 수 있는 새로운 운동으로 대중적인 참여 사업이 이루어졌기 때문이다. 효과적인 환경운동을 위한 전략적 접근이자, '시민 없는 시민운동'의 한계를 극복하기 위한 새로운 시도이기도 했다. 이렇게 영역을 확장하는 과정은 환경교육운동의 활성화에도 영향을 미쳤다.

과격한 운동을 하다가, 어떻게 보면 굉장히 큰 변화잖아요. 우리가 조직에서는 정말 있기 힘든 변환데, 이런 기업이랑 하는 사업이라든가 아니면 캠페인 식의 사업이라든가, 왜 그렇게 되었을까 이 시기에 좀 더 그런 생각도 들더라구요. 그러니까 난 전체적인 동시 확장이라고 봐요. 어떤 방향 전환은 아니고. 우리가 이제 92년 안면도 핵 폐기장 싸움, 그 이후에 뭐 94, 95년 굴업도 싸움이라든지, 핵폐기물 저장고와 관련된 그 싸움이 계속 있었고, 96년도 동강 댐 싸움이라든지, 싸움들이 계속 있었죠. 99년, 2000년 새만금, 이렇게 죽~ 이어졌는데, 그 시기에 그 운동이 확장된 거죠. 그 운동은 그 운동대로 있고, 또 한 영역에서 시민사회 환경운동의 어떤 분야, 어떤 역할 그런 부분도 있고, 또 하나는 이제 효과적인 환경운동은 뭐냐. 시민운동에 대한 본질적 고민도 있었던 거죠. 그러니까 지금도 반성을 하지만 시민 없는 시민운동, 그런 것들 이야기를 하고, 시민들이 참여할 수 있는 창구, 이런 것들이 필요하다. 그러면 시민들이 좋아하고 부담 없이 공유할 수 있는 공간들이 필요한 거 아니냐. 그런 측면에서 그 소프트한 캠페인이라든지 그런 것들이 필요했고. 또 하나는 지구의 날이나 환경의 날이라는 게 대국민적으로 어필할 수 있는 계기가 필요했던 거예요. (차수철 2차, 5면)

지역운동을 하겠노라

차수철은 시간이 지나면서 단체에 조직사업을 제안했다. 그는 지역운동에 운동의 미래가 있다고 생각했다. 단체는 93년부터 전국 조직으로 확대되어 성장하고 있었지만, 체계적인 관리가 이루어지지 못하고 있는 상황이라 그의 제안이 받아들여졌다. 그렇게 조직운동을 시작하며 전국을 돌아다녔다. 지역의 어려움을 나누고, 각 지역의 상황을 파악해서 전국 단위의 체계적인 지원과 관리 기반을 만들어갔다.

지역을 다니면서 지역운동에 대한 그의 꿈은 더 구체화되었다. "내가 할 일은 이것이다"하는 사명감이 생겼다. 96년 겨울, 전국의 활동가들이 홍천연수원에 모였다. 체계적인 환경교육의 필요성에 따라 만들어진 홍천연수원은 활동가들의 정기연수를 가능하게 해주었고, 지역운동가들에게 교류의 장이 되었다. 이후 2005년 조직된 '전국 환경연합 환경교육 네트워크'에서 재회한 홍천연수원 동기들은 그때의 교육 경험을 종종 되짚곤 했다.

그는 전국 활동가 겨울 수련회에서 "지역운동을 하겠노라" 선언했다. 그리고 97년 2월, 그는 천안으로 내려 왔다. 당시 아내의 근무지가 온양이었고, 그 인근지역 가운데 천안을 지역운동의 현장으로 택했다.

공교육의 도전, 거산초등학교

천안으로 내려온 차수철은 지역운동의 전략으로 생태도시, 문화, 교육이라는 3대 전략을 세우고 구현해 갔다. 이 과정에서 전국 단위혹은 지역 내에서도 연대활동을 통해 환경교육운동의 긍정적 경험들을 쌓아갔다. 이 경험들은 환경교육운동에 대한 전망을 견고히 하는 토대가 되었다.

그 가운데서도 '거산초등학교'의 사례는 감회가 남다르다. 자신의 아이가 다니던 거산초등학교는 점점 아이들이 줄면서 폐교 위기에 처해 있었다. 그곳에 참교육을 실현해보고자 하는 교사들이 둥지를 텄다. 공교육 내에서도 참교육의 희망을 놓지 않았던 교사들은 때마침 '남한산초등학교'의 성공사례를 접했고, 자신감을 얻었다. 이들

은 함께 폐교 위기에 처한 학교에 지원했고, 거기엔 차수철의 아내
도 있었다. 차수철은 학교 운영위원회를 이끌면서, 학부모들을 설득
하고 뜻을 모아갔다. 해당 학교의 교사를 주축으로 인근지역 대학
교수와 단체의 생태안내자모임, 학부모 등 모두가 참여해서 통합적
인 교육과정을 개발하고, 학교 전체가 생태교육의 지향을 실현해갔
다. 생태학교를 표방했다기보다는 행복한 학교를 꿈꿨다. 물론 그
과정에서 생태교육 중심의 교육과정은 행복한 학교로 가는 중요한
통로가 되었다. 아이들은 텃밭을 가꾸고 자연체험학습을 하면서, 생
태적으로 건강한 아이들로 성장해 갔다. 점차 그 성과가 주위에 알
려지면서 이젠 인근 지역에서도 서로 오고 싶어 하는 학교가 되었
다. 특히 공교육 내에서 도시와 농촌이 상생하고 학부모가 참여하는
교육을 만들었다는 점에서 의미 있는 사례로 평가받고 있다. 그는
거산초등학교가 성공했던 이유로 '지역 네트워킹'을 꼽는다. 물적,
인적 자원을 조직해 효과적으로 활용했고, 철저하게 지역에 맞는 생
태운동, 교육운동을 통해 얻은 성과였기 때문이다.

> 거산[초등학교의]교육은 교육과정을 생태적 통로를 통해서 만들어
> 가는 데 있어서 성과를 내고 있고, 더불어 아이들이 행복한 학교
> 라는 지향 속에서 생태가 아이들의 행복감을 만족시켜주는 데 아
> 주 지대한 역할을 하고 있다고… (…) 전면적인 생태교육이나 전면
> 적인 대안교육을 주장하는 곳이 아니에요. 공교육 내에서 농촌, 도
> 시와 농촌이 함께 상생하는 교육, 도시는 과밀하고 농촌은 폐교되
> 는 이 위기를 극복하는 문제, 그 다음에 교사, 학생, 학부모가 함께
> 참여하는 교육, 하여튼 그 속에서 우리 여건에 맞는 생태 자원들
> 을 활용한 생태교육을 해보자. 그리고 작은 학교. 농촌이니까 작은
> 학교일 수밖에 없고, 그 작은 학교가 갖는 장점들을 살려보자. 그
> 런 단순한 논리인 거죠. (차수철 3차, 15~16면)

무엇보다 행복해 하는 아이들을 보는 것은 부모로서도 행복한 일
이었다. 방학 때면 아이들은 학교에 가고 싶다고 했고, 종일 놀다가

집에 들어오면 "흙먼지 풀풀 날리면서" 들어와 이내 쓰러져 잤다. 그는 이것을 지켜보면서 교육이 주는 행복을 느꼈다.

4. 환경교육운동의 구현, 새로운 도전

  무형식 교육으로의 확장, 사회적 기업의 구상

여진구는 최근 몇 가지 새로운 시도들을 하고 있다. 우선 교육방법을 바꿨다. 환경교육을 해오면서 그가 느껴온 전문성, 더 구체적으로는 교육방법론의 다양성과 창의적인 교육에 대한 아쉬움 때문이었다. 이전에는 사람들의 마음을 움직이고 행동으로 이끌어 내기 위해서 열정적으로 강의를 했지만, 이제는 스스로 자기 지역에서 문제를 찾고 고민하도록 돕는 역할을 택했다. 그러면서 참여자들의 반응이 바뀌는 것을 체감하고 있었다.

또한 그는 사회적 기업에 관심이 많았다. 그간에는 부정적으로 바라봐왔지만 일본의 환경교육 현장을 둘러보면서 사회적 기업의 무형식 교육에 대한 관심이 생겼다. 사회적 기업을 통해 무형식 교육을 시도하게 되면, 사회의 다양한 요소들을 활용할 수 있기 때문에 교육의 내용과 범위를 광범위하게 확장할 수 있겠다고 생각하게 된 것이다. 그간 교육을 너무 형식 안에 가둬 놓지 않았나 하는 반성을 했고, 작은 변화로도 감동을 주고 더 큰 변화를 가져올 수 있다면 그것이 곧 교육이란 생각이 들었다. 그래서 그는 사회적 기업을 통해 수익보다는 환경교육에 재투자하는 사회공헌 방식의 새로운 시도를 준비하고 있다.

사실은 교육이라고 하는 게 강의를 직접 듣고, 무엇을 체험해보고
하는 거만 교육이 아니고, 실제로 그런 거 속에서 시민의 소양을
갖춰가는 것 자체가, 간접교육 자체를 무시할 수 없는 게 뭐 가로
수[로도] 할 수 있구요, 도심에서의 건물[로도] 할 수 있고, 학교
건물[로도] 할 수 있고, 그니까 그것을 확대 하려면, 사업화. 만약
에 한다 그러면은 그 아이템은 무궁무진하죠. (여진구 2차, 6~7면)

문창식 · 삶과 교육, 운동의 통합

문창식은 근 20년간 환경운동의 경험, 아시아연수와 순례단 경험,
자녀들의 변화가 그의 삶에 던져준 새로운 화두를 '간디문화센터'라
는 장을 통해 구현해가기로 했다. 주민운동, 풀뿌리운동, 대안교육에
관심을 갖고 준비하기 전까지만 해도 척박할 줄만 알았는데, 눈을 돌
려보니 뜻밖에도 이미 비슷한 고민을 하고 준비해 온 많은 사람들이
있었다. 어린이도서관, 공부방, 공동육아, 대안학교, 공동체사업 등
다양한 형태의 실험들이 지역 곳곳에서 이미 이루어지고 있었다.

그가 생각하는 교육은 학교교육을 넘어 좀 더 넓은 범주의 공동체
를 중심으로 소통하고, 배려하고, 보살피며, 자연과 교감하는 것이
었다. 생명과 평화, 나눔을 통해 농촌 마을공동체를 실현하는 것. 간
디의 삶이 그러하지 않았나 생각했다. 그런 삶을 소박하게나마 구현
해보고 싶었고, 뜻을 같이 하는 사람들이 모여 간디문화센터를 만들
었다.

간디가 쭉 살아온 그 삶, 삶들[을] 추적해보면 결국은 저 분이 사
람을 만나서 주민운동을 하거든, 주민운동을 하고, 마을 만들기를
하고, 그래서 거기서 생태를 이야기하고, 자연과의 그… 쭉 한 거
라서, 간디문화센터가 농촌에서 구현하고자 하는 그런 모습하고
같은 거지. 그래서 그런 걸 우리가 여기서 소박하게… (문창식 1차,
22~23면)

그는 2007년 말 환경단체의 활동을 정리했고, 2008년 4~6월 강강술래단 활동을 마무리하면서 2008년 7월 1일 '간디문화센터' 대표로서 본격적인 활동을 시작했다.[18] 새로운 공간을 만들고, 그간 꿈꿨던 것들을 하나하나 구체화해 갔다. 물론 그 과정이 쉽지는 않았다. 간디문화센터의 공간으로 삼기로 한 부지를 인수받는 과정에서 2008년 미국발 금융위기는 최대 고비가 되었다. 투자자들이 갑작스런 어려움을 겪게 되면서 제3의 인수자가 나타나는 절박한 상황에 놓이기도 했다. 하려고 했던 모든 일들이 심각한 타격을 받을 상황이었다. 그러나 포기할 수 없었다. 긴급 이사회를 소집했다. 이사회는 이 일의 의미를 잘 알고 있었다. 결국 이사회가 인수하기로 결정하고 각자 대출을 받고 돈을 모았다.

간디문화센터는 "마을이 세계를 구한다"는 신념이 있다. 농촌과 도시의 상생과 농촌지역의 다문화 마을공동체를 만들고자 노력하고 있다. 지역공동체 회복과 활성화를 위한 사업, 다문화 여성이 참여하는 자립형 지역공동체 사업에 중점을 두고 있다.[19] 또한 미래세대가 건강하게 성장해야 우리 사회가 건강해질 수 있다는 믿음으로 청소년 대안교육사업과 공익사업을 함께 해오고 있다. 제법 자리를 잡기까지는 이런 저런 허드렛일부터 도배, 도서 정리, 음악도서관 운영까지 자원해서 문화와 공간을 만들어가는 주민들의 힘이 컸다. 교육시설 운영과 자체 프로그램을 통해 시설이용률을 높였고, 양계장

---

18) 간디문화센터는 경남 군위군에 위치하고 있으며, 2007년 3월 "젊은 날 사회 정의 실현을 위해 몸을 불살랐던 이들이 농부, 회계사, 교사, 한의사, 의사, 대안교육자, 사업가, 공무원, 사회운동가 등 중년에 다시 만나 구체적인 삶의 현장에서 이웃과 더불어 행복한 세상을 실현하기 위해 설립"되었다(간디문화센터 홈페이지, 최종방문일 2011년 6월 9일).
19) 지역공동체사업(Community Business)이란 '커뮤니티'와 '비지니스'의 합성어로, 주민 스스로 지역을 활성화시키기 위해 지역 자원을 활용하여 삶의 질을 높이고, 지역의 사회적 과제를 해결하는 방식의 지속가능한 사업모델을 말한다. 1980년대 영국에서 시작한 것으로 알려져 있으며, 현재 영국에선 개인 기업의 20%가 커뮤니티 비즈니스를 하고 있다. 현재는 세계 곳곳에서 시도되고 있다.

에서 나오는 유정란은 재정자립에 한 몫을 했다. 그는 무엇보다 다문화 여성들과 지친 청소년들이 찾아와 쉬고 수다도 나누는 공간이 되어 기뻤다. 면담을 마치며 지금 행복한지 물었다. 그는 "난 표정으로 얘기하지"라며 활짝 웃었다.

김혜애　환경교육전문기구로 독립

김혜애는 녹색교육센터 설립을 제안한 후 1년 동안, 조직 안에서 센터 설립을 준비했다. 그리고 2007년 11월, 환경교육전문기구인 '녹색교육센터(Green Education Center)'가 창립되었다.[20] 녹색교육센터는 주창적 환경단체에서 분화된 환경교육단체의 특징을 보여주었다. 신생 단체이지만 기존의 교육 활동을 이어오면서 축적된 경험과 모 단체의 '이름값(Name-value)'을 가져오는 장점이 있었다. 모 단체의 입장에서도 역할 분담과 함께, 주창적 성격의 단체가 갖는 다소 경직되고 딱딱한 이미지를 보다 대중적으로 만드는 시너지 효과도 얻을 수 있었다.

한편 고민도 있었다. 분화된 단체에서 모 단체의 철학을 이어가는 것은 어려운 과제였다. '어떻게', '얼마나' 이어가야 할지에 대한 고민은 다시 운동과 교육의 성격을 모두 갖는 교육운동의 요구를 만족시켜야 하는 어려움으로 이어지게 되었다. 새로운 운동을 구현하고자 하는 시점에 이르게 되면 모 단체의 존재가 한계로 작용할 수도 있는 것이었다.

---

20) 우리나라 사회 환경교육 분야에서 환경교육 전문기관이 생겨난 사례로는 2000년 1월, 환경운동연합 부설로 설립되어 지금은 독립된 '환경교육센터(Korea Environmental Education Center)'가 있다((사)환경교육센터 홈페이지 참조). 이전에도 종교단체나 풀뿌리 단체들을 중심으로 환경교육운동을 주도적으로 해온 단체들은 많이 있었지만, 소위 '주창형(Advocacy)'의 환경단체에서 환경교육운동을 지속적이고 체계적인 운동 영역으로 확장해 나가기 위한 환경교육전문기관 설립은 중요한 의미를 갖는다.

만약에 외부… 소장이 들어온다거나 이러면은 그 녹색연합과의 정체성 부분을 어떻게 맞춰나갈 수 있을지에 대한 고민은 좀 있어요. 그니까 물론 운영위원회나 이런 걸 통해서 계속 회의 조절을 통해서 서로 공유는 되지만 점점 좀 녹색연합이 가지고 있는 어떤 정체성, 추구하는 방향, 이런 것들을 얼마큼 또 녹아낼 수 있을까라는 데 대해서는 (…) 사람이 바뀌면은… 그게 어떨까 싶은 고민은 있는데, 그게 뭐 플러스가 될지, 마이너스가 될지에 대해서 나는 크게 판단하고 싶지는 않아요. 왜냐하면 교육센터라는 게 가지고 있는 역사성이나 그런 게 있어서 어차피 그거는 계승을 할 거고, 그걸 꼭 녹색연합 운동방식하고 같이 가야 되느냐에 부분에 대해서는 또, 또 생각이 다를 수 있기 때문에… (김혜애 2차, 13면)

그녀는 교육센터 활동을 하면서 이전에는 지나치기도 했던 교육운동의 매력을 하나둘 느끼고 있었다. '강변'하지 않고도 자연스럽게 다양한 사회의 가치들을 함께 '교감'하고 나눌 수 있는 것이 좋았다. 이것이 교육의 힘이라는 생각이 들었다. 교육활동을 하면서 환경문제뿐 아니라 다양한 사회의 가치들을 사람들과 교감하고 나누다 보면 주변에 좋은 사람들이 많이 모여 들기도 했고, 그래서 좋았다.

물론 어려운 점도 있었다. 가장 큰 문제는 여전히 재정 문제였다. 우선 모 단체가 있는 상황에서 회원 구조를 만들어내는 게 쉽지 않았다. 교육활동들은 참가비를 내고 참여하는 일종의 '서비스'로 인식되는 경향이 있기 때문에 순수하게 후원하는 회원을 만드는 일은 쉽지 않았다. 재정구조를 어떻게 안정화시킬지가 최대의 고민이었다.

그래도 그녀는 지금 즐겁고 행복하다. 20년을 가까이 환경운동을 하는 동안 늘 누군가를 비판하고, 감시하고, 사람들을 주동해야 하는 역할이 주는 '피로감'을 느끼던 차였다. 이제는 비판하고 감시하는 것이 아니라 좋은 사람들과 좋은 이야기를 나눌 수 있어 그녀는 행복하다.

나도 사람들에게 좋은 얘기를 해주고, 예를 들면 사람들을 즐겁게 해주고 이런 내 삶을 선택하고 싶다, 이제는 늘 '누군가를, 쟤를 미워해라' 이렇게 계속 사람들을 주동하는 역할을 안 했으면 좋겠다. 이십대 딱 철들면서 시작해서 계속 그 일만 내내 한 거니까. (김혜애 1차, 10면)

문용포는 단체에서 활동한 지 10년이 되면서 새로운 운동을 해야 겠다는 생각이 들었다. 선배로서 자신이 좋아하는 교육영역만 맡아서 하는 것도 미안했다. 한편 앞으로 어떤 운동을 해야 할까하는 고민도 있었다. 아이들을 만나는 것을 좋아하고 대안교육에 관심이 있으니 학교를 만들어야겠다고 생각했다. 그는 세상을 바꾸는 운동을 해왔지만, 삶을 바꾸는 교육을 통해서도 세상을 바꿀 수 있지 않을까 생각했다. 가까운 친구들 3명과 함께 학교 설립을 위해 적금을 붓기 시작했고, 3년 만에 꿈은 현실이 되었다. 그리고 자기가 좋아하는 아이들과 자연을 맘껏 만날 수 있는 공간을 택했다. 공간 자체가 줄 수 있는 힘이 있다고 믿었기 때문이었다.

'곶자왈작은학교'는 2006년 7월 1일에 문을 열었다. '곶자왈'은 제주의 특수한 지형 때문에 만들어지는 숲으로, 예전에는 버려진 불모지 같은 곳이었지만 점차 생태적 가치가 인정되면서 제주의 허파로 불리고 있는 지형이다. 문용포는 이런 '곶자왈의 과거와 현재'가 본인이 추구하는 교육 철학과도 잘 맞는 것 같다고 생각했다. 곶자왈작은학교는 소박하지만 정겹다. 학교는 작지만 큰 꿈을 품는 데에는 부족함이 없다. 학교 구석구석에는 아이들의 손때 묻은 흔적들이 있다. 학교의 벽면에는 아시아를 품는 평화여행의 흔적이 벽화로 남아 있다.

그가 말하는 곶자왈작은학교는 "자연 속의 학교, 자연 속에서 자연을 이해하는 학교, 마을 속에서 마을을 이해하는 학교, 평화를 위한 학교, 작음 속에서 배우고 깨우치는 학교, 여행을 하는 학교"이다. 여기에 오는 아이들이 행복하면 좋겠고, 행복한 생활을 통해 행복한 사회를 꿈꾸게 만드는 학교를 만드는 것이 그의 욕심이다. 그는 척박한 사회와 공간에서 자라는 아이들에게 작은 숲이 되어주고 싶었다. 그는 가능성을 꿈꾸고 세상을 바꾸는 작은 진지를, 현실을 딛고 생명을 키우는 '곶자왈'과 같은 학교를 만들고 싶었다.

아이들이 처한 현실이 황폐화되어 있고, 뭔가 여기 가도 공부, 저기 가도 공부… 행복할래야 행복할 수가 없는… 그런 팍팍한… 그런데 곶자왈이 오랜 세월을 거쳐서 이제는 생명의 땅이 됐고, 생명의 숲이 됐고, 씨앗을 머금고 또 수많은 생명이 그 곳에서 자라는데, 그렇듯이 내가… 곶자왈이, 곶자왈작은학교가 아이들한테는 작은 숲이라도 됐으면 좋겠다. 뭔가 위로 받기도 하고, 여기 와서 풀어내기도 하고, 그러면서 조그마한 행복을 느끼기도 하고, 뭔가 가능성을, 꿈을 키우는… 이런 작은 숲이 될 순 없을까… 누구 말마따나 작은 진지, 운동을 위한 진지일 수도 있는 거지, 세상에 우리가 세상의 변화를 위한 작은 진지… (문용포 2차, 18~19면)

곶자왈작은학교의 프로그램은 간단하지만 지혜롭다. "함께 놀고, 배우고, 일하고, 체험하자"는 것이다. 그러는 동안 아이들은 자연으로부터 덕을 쌓는 방법을 배우게 된다. 그의 인생철학이 녹아든 교육과정이지만, 대부분의 활동은 아이들이 자율적으로 운영한다. 그는 정말 도사처럼 방향만 일러줄 뿐이다. 아이들은 스스로 결정하고 움직인다. 매월 아이들은 존중여행, 예의여행, 평화여행과 같은 '가치여행'을 떠난다. 곶자왈작은학교의 모든 교육과정 속에는 '가치, 존중, 예의, 배려…'의 지향이 흠뻑 묻어난다.

그는 아이들과 '덕 쌓는 축구'를 한다. 자기가 골을 넣는 게 아니라 친구들이 골을 넣을 수 있도록 도와주는 방법이다. '덕 쌓는 축구'를 하고 나면 아이들은 "선생님, 내가 골 넣는 거 보다 훨씬 더 어려워요. 더 많이 움직여야 해요!"라고 불평을 털어놓기도 한다. 그러면서도 아이들은 '덕 쌓는 축구'를 무척 좋아한다.

덕을 쌓는 것은 아이들만이 아니다. 곶자왈작은학교는 지인들, 학부모들, 오가다 인연을 만든 이들의 자발적인 후원으로 운영된다. 공부방에는 '함께 여는 새날'이라는 액자가 걸려있다. 신영복 선생님이 학교를 위해 쓰라고 기꺼이 몇 점을 써 주셨다. 책장을 만들어준 후배, 책장을 꾸며준 아이들, 책을 보내온 사람들, 직접 와서 정리를 해준 분들, 매월 꼬박꼬박 후원해주시는 분들, 아이들 밥을 챙겨주시는 분들까지…. 가까운 곳에서, 먼 곳에서, 보이는 곳에서, 보이지 않는 곳에서 많은 분들이 덕 쌓는 아이들을 길러내는 데 함께하고 있었다. 면담을 마무리하며 그에게 물었다. "어떻게 그렇게 많은 사람들이 자발적으로 도와줄 수 있었을까요?" 그의 대답은 망설임이 없다. "나도 그렇게 살면 되지!"

시대적 흐름으로 이런저런 큰 규모의 환경교육센터나 방문자센터 등 많은 자연학습, 환경교육센터들이 만들어지고 있지만, 진정한 교육은 규모나 외형적인 것으로 만들어지는 것이 아니다. 세상을 바꾸는 것은 정말이지 작은 데에서 출발한다. 곶자왈작은학교는 많은 사람들의 따뜻한 마음들이 모여, 행복한 아이들이 있는 생태와 평화의 공간으로 만들어지고 있었다.

차수철 생태, 교육, 문화의 통합과 지역네트워킹

천안에서의 운동은 그야말로 첫걸음을 떼는 것부터 시작해야 했다. 아무 연고도 없는 지역에서 한 사람을 만나고, 그 사람을 통해 다시 한 사람을 소개 받고, 다시 또 소개 받고, 그렇게 하루에 두 명씩 만났다. 97년 2월 25일에 내려와서 3월 13일까지 30명을 만났고, 5월 13일에는 33명의 준비위원회를 발족시켰다. IMF로 가장 힘든 시기임에도 불구하고, 오히려 많은 사람들이 뜻을 같이 해주었다.

천안은 수구도시였다. 큰 환경이슈도 없었다. 그나마 교통이 좋아 사람들이 모여들고, 그로 인해 도시화가 급속히 진행되고 있었다. 그는 지역운동의 전략을 만들고 구현해가는 과정에서 소중한 인연들을 만났다. 지역운동의 방향을 고민하는 동안 문화나 교육에 관심이 많은 교수들, 생태건축 및 녹색도시 전문가들을 만났다. 결국 '녹색도시, 교육, 문화'를 천안지역 환경운동의 핵심전략으로 삼게 되었다.

천안 조직 만들면서 생각을 많이 했어요. 천안이 일단 지역의 수구도시인데 내려와서 뭘 할 거냐. 저음에는 이제 일반적으로 환경감시 활동을 했죠. 그러면서도 장기 비전이 있어야 하니까. 그 때야 뭐 상의할 사람도 없고. 그래서 그때도 천안이 커지려고 뭔가 꿈틀대는 시기였어요. 개발이 되는 아주 초창기죠. 천안이 충남의 수구도시고 교통 발달지고 커질 거 같다. 그런데 뭐 이제 환경 이슈가 특별히 없어. (…) 그래서 이제 천안은 도시문제가 중요하겠구나. 그 다음에 여전히 교육문제에 관심을 가져야겠다. 할 수 있는 게 그게 아니냐. 사람들은 계속 늘어날 거니까. 사람들 가르치고… (차수철 1차, 9면)

그는 운동의 깊이를 문화적으로 확장하고, 생태적으로 뿌리내리는 쪽으로 가야한다고 생각했다. 그렇게 해서 '환경교육운동과 환경문화운동을 통해 녹색도시 만들기'는 그가 조직한 단체의 비전이 되었다. 그리고 2009년 6월 '광덕산환경교육센터' 개관이라는 또 하나의 결실을 맺을 수 있었다. 이 센터의 설립은 초기에는 환경교육운동을 위한 소박한 공간을 만들자는 취지에서 출발했던 것이, 자원봉사자와 생태건축전문가의 열정과 노력으로 생태건축 건물로 설계되었고, 거기에 노래하는 환경교실과 환경노래 콘서트와 같은 환경문화운동의 성과가 지금의 광덕산환경교육센터를 있게 하는 밑거름이 되었다. 국내에도 이미 다양한 종류의 환경교육센터들이 있지만 '광덕산환경교육센터'는 시민주도형이라는 점에서 특별했다. 숙박시설과 교육장을 갖춘 시설형 환경교육센터들은 주로 지자체나 공공기관, 기업들이 만든 하드웨어 중심이었지만, 이곳은 시민단체가 주도하고 지역사회의 많은 주체들이 참여했다. 주민들과 지역사회가 성금을 모으고, 대학과 지자체가 함께 힘을 모아 주춧돌을 세웠다. 특히 처음부터 끝까지 자원봉사모임인 생태안내자모임은 큰 힘이 되었다. 처음에 그는 환경교육 프로그램의 참가자로 시작했지만, 그 안에서 자발적인 자원봉사모임을 만들고, 프로그램을 만들고, 교재를 만들고, 교육을 하며, 결국에는 교육센터도 함께 만들어온 것이다. 이제 광덕산환경교육센터는 교육 프로그램에서 유기농 식단까지 단체가 맡아서 담당하는 큰 자산이기도 하다.

돌아보면 고해의 바다였다. 교육에 대한 믿음, 운동에 대한 믿음이 없었다면, 그리고 함께 해온 많은 사람들이 없었다면, 지금의 교육센터는 없었을 것이다. 최근 그는 한동안 자신의 정체성을 표현해주던 불교에서 기독교로 개종했다. 센터의 건립과정에서 감당하기 벅찬 어려움을 겪고 있을 때, 끝까지 도와준 목사님께 감사한 마음에서다. 이전의 그에게 불교가 신앙이라기보다 철학이었던 것처럼, 지금의 그에게 기독교도 신앙이라기보다 철학이다. 불교에서 민중을 돌아보고 고통 받는 사람들을 돌보는 자비를 배웠다면, 기독교에선 소외된 자를 사랑하는 예수의 가르침을 배웠다.

한번은 지역후배 운동가가 "선배는 운동은 안 하고 교육만 하느냐?"라고 물었다. 실제로 교육센터 건립에 박차를 가하면서 지역에 시시때때로 터지는 당면한 환경 사안들에 대한 개혁운동에는 비중을 두지 못했기 때문이다. 그는 미안한 마음이 들었지만 나이가 들수록 일의 우선순위를 정하고 집중하는 일이 얼마나 중요한지 실감

하고 있었다. 그래서 앞으로 5년은 더 환경교육센터를 기반으로 환
경교육과 환경문화운동에 집중할 계획이라고 했다. 그리고 그는 다
음 10년의 운동을 다시 또 준비할 것이다.

5. 환경교육운동에 대한 생각

환경운동가에서 환경교육운동가가 되는 과정을 거친 이들은 자신
들이 하고 있는 운동을 어떻게 이해하고 있을까? 그들은 교육을 하
는 운동가일까? 운동을 하는 교육가일까? 어떤 교육과 운동, 혹은
교육운동을 지향하고 있을까? 구술면담 과정에서 직접적으로 환경
교육운동의 지향이나 환경교육과 환경운동의 관계에 대해 질문한
경우도 있었지만, 구술자가 이야기하는 동안 자연스럽게 드러나기
도 했다. 필요한 경우 추가 질문을 통해 답을 얻었다. 때문에 구술자
에 따라 이야기의 맥락이나 깊이의 차이는 있다.

여진구 사회를 진전시키는 필수요소

여진구는 환경운동의 궁극적 지향은 '지속가능한 사회를 만드는
것', '사회를 진전시키는 것'이며, 환경교육운동은 지속가능한 사회
를 만들기 위한 '과정'이자 '매개'라고 생각한다. 그가 생각하는 정말
좋은 교육은 '변화시키는' 교육이다. 한두 시간의 강의를 듣고 자신
의 변화를 고백하는 시민들이 있다면 그보다 좋은 교육은 없다는 것
이다. 이것이 그가 운동의 과정이자 수단으로서 교육을 중요하게 생
각하는 이유이기도 하다.

그에게 환경교육은 환경운동이 지향하는 목적, 즉 지속가능한 사

회를 만들기 위한 "필수적"인 과정이다. 다시 말해, "환경교육을 잘하는 것" 그 자체보다는 "환경교육을 잘해서 어떤 변화를 만드는 것, 즉 교육 이상의 것"이 목표가 될 수 있다고 생각한다. 그는 "사회가 더 좋은 방향으로 나아가기" 위해서는 "공감"이 중요하며, 이를 위해 교육과 함께 "조직화", "공동체화" 하는 것은 운동의 목적을 달성하는 데 있어서 선택적인 것이 아니라 꼭 필요한 필수요소라고 생각한다. 만약 교육이 잘 이루어지지 않는다면, 운동이 왜곡되거나 경직될 수 있다. 그가 이처럼 교육이 운동의 필수요소라고 확신하는 이유는 운동과 교육이 접목되었을 때 나타나는 폭발력을 경험했기 때문이다.

> 환경운동가가 환경운동교육가가 아닌가 싶긴 해요. 다 할 수 있어야 되고, 그것은 뭐냐면 자기가 확신을 가지고 하는 운동의 확산력은 교육을 통해서 시키는 거고, 저는 일정 부분 그런 면에서 옳았다, 확신이 드는 게 뭐냐면 생태운동을 했어요, 교육하고 접목을 하니까는 이게 엄청난 폭발력을 갖는 거예요. (여진구 2차, 21면)

이처럼 그는 교육이 운동의 필수요소인 만큼 환경운동가는 교육에 꼭 관심을 가져야 하며, 교육에 대한 역량을 쌓은 것이 중요하다고 생각한다. 운동가가 가진 변혁 혹은 변화에 대한 지향을 달성하려면, 시민들과 대면하는 짧은 시간 동안 그들과 공감대를 형성할 수 있어야 하기 때문이다. 이런 점에서 그가 생각하는 환경운동은 곧 환경교육운동이기도 하다. 대중들을 설득하고 자신의 생각을 확산시키기 위한 모든 활동이 곧 교육과정이기 때문이다.

그는 환경교육운동가에게 필요한 것은 "사회를 읽어내는 비판적 시각"이라고 생각한다. 지속가능한 사회로 가기 위한 운동은 사회를 비판적으로 보는 데서 출발해야 한다는 것이다. 그는 이런 비판적 시각은 '환경을 위한 교육'이 잘 이뤄질 때 얻을 수 있다고 생각한다.

그가 구현하고자 하는 환경교육운동은 '주민 스스로 깨닫고 행동하는 공동체'이다. 그런 그의 지적에 따르면, 관념적으로는 "환경을 위한 교육, 환경으로부터의 교육, 환경에 대한 교육"의 중요성을 인식하고 있지만, 실제 교육 현장에서는 "환경을 위한 교육"이 부족하다는 것이다. 즉, 주제로는 환경을 위한 교육을 하고 있는 것 같지만, 내용을 들여다보면 그렇지 않다는 것이다. 또 다른 문제는 교육의 내용이 "파편화"되는 것이다. 특히 환경 혹은 생태는 "유기적"으로 보아야 하는데, 교육의 내용이 주제별로 분류되면서, 자칫 "환경이나 생태 자체"를 전체적으로 혹은 유기적으로 보지 못하고 단절적으로 다루게 되면 본질을 벗어나거나 왜곡할 수 있다고 지적한다. 이러한 내용의 단절과 파편화는 형식의 문제로 이어질 수 있다. 즉, 환경교육이 일회성 교육으로 그칠 수 있다는 것이다. 그는 이 문제를 극복하고 지속적인 교육을 하기 위해서 기본적으로 자연을 지속적으로 관찰하고, 계절의 변화나 다양한 주제들을 연결시킴으로써 한 지역에서도 다양한 교육내용을 만드는 것이 중요하다고 생각한다. 때문에 교육 지도자들의 모니터링 능력을 키우는 교육과정이 필요하다고 생각한다.

여진구는 지역의 생태모니터링을 기반으로 한 생태보전교육, 지도자 교육, 환경교육 네트워크 활동을 중심으로 해왔다. 최근에는 사회 환경교육의 범위와 지평을 넓혀 무형식 교육 영역의 새로운 활동을 구상하고 있다.

문창식 | 철학과 이념의 실현, 삶 자체

문창식은 '교육은 삶 자체'라고 생각한다. 그가 지향하는 교육은 "시대가 혹은 개인이 지향하는 가치를 자신의 삶으로 살아내도록 하는 것"이다. 학교 교육이라는 지엽적인 해석을 벗어난다면, 교육은 어떤 목적을 달성하기 위한 것이라거나 형식적 틀에 넣고 국가가 주도할 수 있는 것이 아니라, '평생에 걸쳐 일어나는 삶'이 모두 교육이 될 수 있다. 특히 환경교육은 더욱 그러하다는 생각이다. 또한 그가 생각하는 현 시대의 핵심적인, '피할 수 없는' 화두이자 추구해야 할 가치는 '생명과 평화'이다. 이는 현 시대가 놓치고 있는 가치이기도 하다. 그는 이런 가치가 살아있는 사회가 인간에게도, 자연에게도 '제대로 된' 사회가 될 것이라고 생각한다. 그가 생각하는 환경교육운동은 "생명과 평화의 가치가 살아있는 개인의 삶의 변화를 통해, 제대로 된 사회를 만들어 가는 것"이다.

그는 환경운동의 철학과 이념이 있다면, 그것을 구현하는 교육현장이 필요하다고 믿는다. 그는 "환경운동의 철학과 이념을 실현할 수 있는 것이 교육"이라고 생각한다. 그는 현재 이뤄지고 있는 교육에 대해 비판적인 생각을 가지고 있다면, 아이들을 그런 교육 현장에 그냥 보낼 게 아니라 자신의 철학과 이념에 맞는 교육을 적극적으로 구현할 수 있어야 한다고 생각한다.

[운동단체가] 추구하는 이런 이념과 철학이 있다… 근데 이 철학과 이념이 정말 이게 우리 사회에 살아가는 데 필요한 것이고 맞다면, 이 이념과 철학을 구현할 수 있는 교육 현장이 필요하다. 그 쉽게 생각하면… 이 활동가들이 자기 애들, 2세들을 가지고 키우고 있는데, 이 활동가들의 2세를 그 반환경적이고, 예컨대 또 반인간적인 그런 교육을 하는 현장에 보내도록 하는 것은 조직으로서 할 일이 아닙니다… 이야기했다고… (문창식 1차, 17면)

그의 이런 생각은 몇 가지 문제의식에서 출발되었다. 그가 근 20년을 환경운동 현장에서 보내면서 든 고민은 "지금과 같은 경쟁과 효율 중심의 사회, 성장 중심의 사회, 자본주의 체계에서 환경문제의 해결이 가능할 수 있을 것인가?" 하는 것이었다. 그는 운동을 통해 정책적 변화를 시도해왔지만, 실제로는 이런 변화가 '허상'일 수도 있다고 생각했다. 시간이 걸리더라도 "보다 본질적인 접근이 필요하겠다," 그렇다면 "전체를 바꾸려는 노력보다는 더디더라도 개인들이 대안적인 삶을 살아가도록 돕는 것이 실현가능한 방법이 아닐까?" 하는 생각에 미치게 되었다. 그는 정책운동보다 교육운동이 본질에 가깝다고 생각했다. 그는 오랫동안 몸담아온 조직 활동을 정리하고, 생명과 평화를 지향하며 지역주민들과 함께 대안적인 삶과 교육을 고민하고, 다문화를 이해하는 교육공동체를 만들어가고 있다.

그는 "짐을 내려놓자"고 말한다. 환경운동가로서 살아온 한 사람의 자기 고백이다. 그는 80년대 출발한 운동가들은 스스로 운동가의 삶을 선택했다기보다는 외면할 수 없는 시대적, 사회적 상황에서 과도한 사명감과 책임감을 가지고 살아왔다고 생각한다. 그래서 미약한 인간이 "태산을 지려고 했던" 버거운 짐을 이제는 내려놓자는 것이다. 물론 모두 운동을 그만두어야 한다거나 운동방식을 바꾸어야 한다는 것은 아니다. 자신과 사회를 함께 돌아보자는 것이다. 그래서 자신에게 맞지 않는 짐은 과감하게 내려놓고, '행복한 운동가'가 되자는 것이다. 행복한 운동가만이 다른 사람들을 설득할 수 있기 때문이다.

운동할 때는 좀 그런 것 같아. 나의 어떤 주체적인 어떤 삶을 가지고 그걸 했다기보다는 그 당시 시대와 사회와 또 어떤 그… 필연성들이 주는 사명감, 책임감 그거에 의해서 그 짐을 지고 이렇게 했다는… 지금은 인제 좀 그런 짐을 내려놓자. 그 짐을 굳이 내가 다 지려고, 사실은 뭐 저 쌀 한 자루도 못 지는 게, 인간인데 그 운동가라는 그걸로 모든 태산을 지려고 했던, 그걸 좀 내려놓자는 거지. 내려놓으니까 좀 편해. (…) 근데 운동가들 중에도 그런 걸 짐으로 생각하지 않고… 되게 평범하게 사는 사람들[도] 있지. 나는 그렇지 않았기 때문에… (문창식 1차, 27면)

이는 비단 운동가들만의 이야기는 아니다. 부모들도 마찬가지이
다. 우리 시대의 부모들은 자기 자식에 대한 무한 책임과 과도한 부
담을 가지고 있는데, 이것이 오히려 아이 스스로를 불행하게 만들
수 있다. 그는 아이들을 하나의 인격체로 인정하고, 그들의 잠재력
을 발휘할 수 있도록 해야 한다고 생각한다. 그는 부모가 스스로 행
복한 삶을 사는 모습이 아이들에게는 최고의 교육이라고 생각한다.

그는 교육운동가들에게 가장 필요한 것은 '사랑'이라고 생각한다.
자신을 사랑해야 남을 사랑할 수 있고, 교육도, 운동도 사랑이 전제
가 되어야 의미를 가질 수 있기 때문이다. 그는 사랑이 없는 교육은
도구에 불과할 수 있다고 믿는다.

김혜애 자기 성찰을 갖게 하는 것

김혜애에게 환경교육운동은 어떻게 살 것인가 하는 질문을 던져
주고, '자기성찰을 할 수 있도록 도와주는 것'이다. 그래서 자기성찰
을 통해 개인을 변화시키는 운동이다. 그녀는 환경을 보호하자거나,
무엇을 실천하자거나, 무엇이 문제라거나 하는 어떤 내용의 교육을
하더라도 그 사람들이 받아들이고, 깨닫고, 자기 삶의 변화를 만들
어가는 것은 어떻게 살 것인가 하는 자문에서 출발한다고 생각한다.

> 나는 어떻게 살아갈 것인가에 대한 기본 질문을 던져주는 거라고
> 보거든요. 그니까 매개는 다양한 거라고 봐요. 그니까 야생동물을
> 갖고 우리가 교육을 하던, 아니면 제주도에 가서 5박 6일 그냥 저
> 기 제주도에 어떤 생태를 바라보던, 결국 이 사람들이 변화해서
> 나중에 가는 거는 다 마찬가지일 거라고 보는데, 사소하게 뭐 생
> 활 속에서 어떤 실천하는 것들, 이런 것들을 통해서일 수도 있는
> 데, 내가 어떻게 지금 사회 속에서 '내가 어떤 삶을 살아가야 될
> 까'라는 자기 성찰을 좀 갖게 하는 것일 거라고 보고 있거든요.
> (김혜애 2차, 18면)

그녀는 환경교육가나 환경교육운동가보다는 환경운동가라는 호칭에 더 익숙하다. 그녀는 '교육 자체가 운동'이라고 생각한다. 교육은 사람들의 삶을 바꾸려는 목적을 가지고 있기 때문에, 넓은 의미에서는 '교육이 곧 운동이다'라는 것이다. 굳이 말하자면, 환경교육은 환경운동의 방식 가운데 하나라고 생각하는 쪽이다. 때문에 굳이 환경교육가나 환경교육운동가로 불릴 필요가 있을까 반문한다. 그렇지만 환경운동가와 달리, 환경교육운동가의 소양이나 역할은 분명 다른 부분이 있다고 생각한다. 환경교육운동가에게는 교육가적 소양만큼이나 운동가적 소양이 필요하다는 것이다. 하지만 그 이유도 결국 교육이라는 형태의 운동을 잘 하기 위해서이다.

그녀는 교육이 운동의 여러 방식 가운데 '실패하지 않는 방식'이라고 생각한다. 이전의 운동 방식은 사람들이 모여서 이뤄내는 성과에 중점을 두었기 때문에, 어떤 면에서는 실패하는 경우도 많았고 좌절감을 느끼기도 했다. 하지만 교육은 사람 개개인에 중점을 두기 때문에, 그 변화를 확인하는 과정에서 또 다른 보람을 느끼게 된다고 생각한다. 어떤 면에서는 거대한 변화 혹은 작은 변화를 지향하는 것의 차이로 표현할 수 있다. 그녀는 시민운동의 한 영역으로 환경운동을 시작했던 것처럼, 환경운동의 한 영역으로 환경교육운동을 하고 있고, 또 그렇게 새로운 운동을 만들어가고 있다.

너무 거대해가지고 내가 아무리 애를 써도 변화시킬 수 없다고 판단될 때는 그게 굉장히 사람을 힘들게 만들지만, 자신이 하고 싶은 걸 자기 일 속에서 구현해 낼 수 있는 위치에 있다는 건 굉장히 행복한 일이기 때문에 (…) 운동은 바로 바로 성과가 나오기가 쉽지 않은 일도 많고, 좌절감도 굉장히 많은데 (…) 근데 교육은 실제 사람들의 변화를 눈으로 볼 수 있기 때문에… (김혜애 2차, 20~21면)

그녀는 요즘 공부를 해야겠다고 생각하고 있다. 교육에 대한 새로운 관심 때문이기도 하고, 기존의 운동방식에서 벗어나기 위해서이기도 하다. 대중운동으로서 환경운동을 하기 시작할 즈음에, 그녀는 학생운동의 관성이 일종의 "장애물"로 느껴진 적이 있었다. 마찬가지로 지금은 환경교육운동을 접근해가는 데, 시민운동의 관성이 장애가 되고 있지 않은가 하는 생각도 든다. 운동적 시각에서 대상을 비판적으로 평가하는 게 교육운동에서는 문제가 될 수도 있다는 것이다. 이런 생각에는 소위 운동권에서 자기편을 줄이고, 적을 많이 만들지 않았나 하는 반성이 녹아 있기도 하다. 이런 관성에서 벗어나기 위해서라도, 그녀는 교육에 대한 보다 깊은 이해가 필요하다고 느끼고 있다. 자신이 생각하는 환경교육이 어디쯤 있는지, 환경교육에 대해 경험을 넘어선 철학적 이해가 필요하지는 않은지, 배움을 통해 더 나아가고 싶다. 한편으로는 개인적으로 공부를 하는 것도 필요하지만, 환경교육자 간 소통구조로 네트워크의 필요성을 느끼고 있다. 서로가 스스로 잘하고 있는지 검증도 하고, 조언도 얻을 수 있는 통로가 필요하다고 생각한다.

그녀는 환경교육운동가에게 필요한 역량으로 운동가적 소양뿐 아니라 교육가적 소양을 중요하게 여긴다. 환경에 대한 기본적인 지식이나 철학도 중요하지만 교육적 소양이나 철학이 필요하다는 생각이다. 환경에 대한 지식과 내용은 운동참여과정에서 학습할 수 있지만, 교육가적 소양은 그렇지 않다고 생각하기 때문이다. 운동 전략을 기획하고 판단하는 데는 감각이나 지략이 중요한 반면, 교육은 사람을 대하고 관계 맺는 일이기 때문에 소통능력과 운동에 대한 확신과 마음가짐이 더 중요하다고 생각한다. 그녀 또한 삶을 성찰하도록 하는 환경교육운동이 무엇인지 고민하고 있다.

문용포가 지향하는 환경교육운동은 '세상의 변화를 위한 작은 진지'를 만드는 일이다. 그가 지향하는 생명평화의 가치가 살아있는 건강한 세상을 만드는 일, 이러한 가치를 잘 담아내고 관계 맺게 하는 '작은 진지'를 만드는 일이 그가 하려는 교육운동이다. 아름다운 변화에는 거대한 변화도 있지만 작은 변화도 있기 때문이다.

> 어찌 보면 우리가 꾸준히 지켜왔던 어떤 가치를 담아내는 진지 같은 것들이 곳곳에 있는 것들… 그런 평범한 진지가 아주 필요하지 않겠나… (…) 적어도 나는 이 속에서 나의 진지, 또 내가 관계 맺고 있는 신시를 키워 나가겠다, 만들겠다 이런 거지… (문용포 2차, 18~19면)

그는 스스로를 운동가라고 생각한다. "평생을 두고 운동가의 삶을 살겠다"라는 것이 그의 다짐이기도 하다. 세상을 바꿀 수 있는 다양한 방법 가운데 그에게 교육운동은 '내가 스스로 잘할 수 있는 방법'의 운동이다. 그는 단체에서 환경운동을 하면서 운동의 특성상 혹은 단체 활동의 특성상, 수많은 현안 문제들에 대응해야 하는 현실에 대한 고민이 있었다. "미래의 문제가 현제의 문제에 종속되는 구조"이기도 했지만, 당장 현안이 닥치면 외면할 수 없었기 때문에 교육운동을 하는 일은 쉽지 않았다. 그가 활동한 제주참여환경연대는 평화, 인권 등의 사회문제까지 다루는 종합형 사회환경단체였기 때문에 고충은 더했다. 조직의 배려로 사무처장에서 환경국장, 생태교육팀장으로 관심 분야에 보다 집중할 수 있는 직책으로 바꿔오긴 했지만, 현안이 터지면 모든 방식을 다 동원해서 대응해야 했기 때문에, 그의 고민은 크게 줄어들지 않았다.

물론 현안 대응운동이 중요하지 않다고 생각하지는 않는다. 지금 일어나는 현안들을 외면하게 되면 아이들에게 이야기할 '지켜야 할 환경' 자체가 없어지는 것이니까 주창운동 혹은 보존운동을 교육운동만큼이나 중요하다고 생각한다. '동전의 양면'과 같은, 그래서 어떤 게 더 중요하고 덜 중요하다고 볼 수는 없다고 생각한다. 그럼에도 불구하고 그에게 현안 대응방식의 운동은 때때로 소진된다는 느낌이 들게 했다. "꼭 이런 운동방식이 맞는 걸까?" 하는 자문을 하게 되었고, 회의도 들었다.

> 당장 현안에 대해서 진짜 중요한 싸움도 있지만 내가 볼 때는 참 소진되는 거 그냥… 이게… 내가 오히려 애를 쓰는 만큼 결과는 또 안 나오기도 하거니와, (…) 이거 진짜 우리가 그렇게 해야 될 싸움인가라고 보는 것도 어쩌다 있는 것 같아요. 모든 현안에 우리가 반응을 보여야 된다고 보는 것이기 때문에, 거기에 나는 꼭 그렇지는 않은 거 아니냐… (문용포 2차, 17면)

그러면서 그는 자신에게 맞는 운동을 찾게 되었다. 세상을 바꿀 수 있는 여러 가지 방법과 운동 영역이 있지만, 그가 잘할 수 있는 것은 어린이와 청소년들과 만나고, 그들의 마음을 읽고, 생명평화의 문제를 공유하는 것이었다. 또한 '세상을 건강하게 바꾸는 일'이 그가 지향하는 운동이라면, 이 일은 장기적이어야 하고, 삶의 변화를 통해 이뤄낼 수 있어야 한다고 생각했다. 그는 이 과정이 '교육이자 운동'이라고 생각한다. 그래서 그는 '운동하는 교사'의 꿈을 구체화하고 있다.

그는 환경교육운동가에게 필요한 것은 "백 마디 말보다 삶 속에 내면화"를 하는 것이라고 생각한다. 그는 아이들을 만나는 일은 형식적인 변화나 기교가 아니라 아이들의 마음을 읽는 눈이고, 자신이 이야기하려는 것을 삶 속에 내면화한다면 정직한 아이들의 눈에 비치게 될 것이라고 생각한다. 운동가가 추구하는 가치와 삶을 일치시키는 것만큼 좋은 교육은 없기 때문이다.

운동하는 동안 그는 무엇보다 자신의 양심을 지키고, 정의로운 세상을 만드는 것을 꿈꿔왔다. 그리고 지금은 아이들과 '덕 쌓는 축구'를 하고 '가치여행'을 떠난다. 그는 건강한 세상을 만드는 작은 진지를 만들고, 그가 꿈꾸어 온 교육을 만들어가고 있다.

 삶을 통해 세상을 바꾸는 것

차수철이 생각하는 환경교육운동은 "세상을 바꾸는 것이고, 소외된 사람들에게 희망을 주는 일"이다. 또한 구체적으로 환경운동의 과제들, 즉 환경문제를 해결하는 데 환경교육이 전략적으로 기여를 하는 일이다. 그가 생각하는 환경교육운동은 생태적 감수성을 일깨우는 것도 중요하지만, 이를 통해 개인이 행복할 수 있고, 개인의 가치가 변화되는 계기를 만들어주는 것이다. 올바른 가치 판단을 통해 환경문제를 해결하는 것이 환경교육운동이 해야 할 역할이라고 생각하기 때문이다. 결국에는 개인의 행복, 사람과 자연이 소통할 수 있도록 하는 것이 환경교육의 역할이라고 생각한다.

한편 그는 삶과 교육이 통합되는 교육운동을 지향한다. 환경활동가는 많은데, 환경운동가는 적다. 그는 일이 아니라 자신의 삶을 통해 환경운동의 대의를 실천해가는, 앎과 실천이 일치하는 '운동가'가 필요하다고 생각한다. 그리고 자신도 '운동가'가 되기 위해 노력하고 있다.

어떻게 보면 전반적으로 우리 사회에 환경운동가가 거의 없죠, 환경활동가들은 많은데. (…) 활동가는 일을 통해서 어떤 환경운동의 대의와 영역들을 만들어가는 사람이라면, 환경운동가는 일이 아니라 자신의 삶을 통해서 만들어가는 사람이죠. 그래서 환경운동가는 그 사람이 가지고 있는 향기와 삶의 모습을 통해서도 다른 사

　　람에게 영향을 미치고 변화를 줄 수 있는 사람이죠. 그래서 이제,
앎과 실천이 통일되어 있고 생활과 자기 운동성이 통일돼 있는 그
런 사람이라고 할 수 있겠죠. (차수철 4차, 4면)

　그는 환경교육운동가들이 "시대에 맞는 가치"를 찾고, 그것을 투영할 수 있는 교육운동이 필요하다고 생각한다. 그는 지금도 여전히 80년대의 사회적 가치를 가지고 세상을 바꾸려고 하는 것은 아닌지 자문하곤 한다. 예컨대 현 시대에 맞는 생태적 가치관을 갖추려는 노력이 운동가에게 필요하다고 생각한다. 그러기 위해서 '창의성', 그리고 '통합·통섭·통찰하는 능력'을 갖추는 것이 필요하다고 생각한다. 어떤 문제나 사물을 볼 때, 그것이 담고 있는 함의와 다른 것과 연결된 연관성을 찾아내는 것이 중요하고, 이를 위해 운동가 스스로 부단히 노력해야 한다는 것이다. 한편 그는 환경교육운동이 좀 더 현장 중심으로 바뀌어야 한다고 생각한다. 방식의 전환은 물론, 교육의 내용이 지역과 대상에 맞아야 한다. 또한 환경교육의 거점을 만들고, 거점을 통해서 사람들을 만나고, 교육하고, 연구해야 한다고 생각한다.

　그는 "환경교육을 통해 환경운동을 다 풀어낼 수 있다"라고 믿는다. 그는 환경교육과 환경운동은 선택의 문제이고, 통합의 문제라고 생각한다. 운동의 구현 과정에서부터 지금까지도 지속되는 고민이기도 하다. 그는 환경운동의 가치를 실현하는 것이 궁극적 목적이기 때문에, 환경교육만을 고집하지는 않는다. 대신에 자신의 지역에서 환경교육운동을 핵심 전략으로 환경운동의 성공적 모델을 구현하고자 한다. 때문에 그의 환경교육운동은 현실에서 환경교육과 환경운동의 '선택과 구분'의 양상으로 나타나기도 한다. 결국 이들을 접목시켜 통합적으로 목적을 이뤄가는 것이 그가 생각하는 환경교육운동이다.

한편 그는 지금까지 해온 환경운동과 환경교육 자체를 새롭게 볼 필요가 있다고 생각한다. 환경운동이라는 이름으로 해온 것들도 교육의 눈으로 다시 보고, 환경교육이라는 이름으로 해온 활동들도 운동의 눈으로 다시 보아야 한다는 것이다. 이슈 파이팅이나 홍보활동, 조직사업 등에 대해 교육의 범주를 넓혀서 해석해 적용하면 일종의 교육운동이 될 수 있고, 교육사업으로 정형화되었던 활동들 역시 주창운동이 될 수 있다는 것이다. 때문에 현실적으로 운동의 방식에서 선택이 나뉘더라도, 결과적으로는 통합된 하나의 운동일 수 있다는 이야기이다. 그는 이러한 시도가 환경운동과 환경교육운동의 정당성과 다양성을 찾아가는 과정이 될 수 있다고 생각한다,

그는 교육가로 불리든 운동가로 불리든 상관없다고 생각한다. 환경운동을 하고 있든 환경교육을 하고 있든, 그는 "세상을 바꾸는 것, 소외된 자, 억압된 자들에게 희망을 주는 것"을 지향하기 때문이다. 어릴 적 교사를 꿈꾸던 그는 이제 민중교사가 되길 꿈꾸고 있다. 그리고 그 꿈을 환경교육운동으로 실현해가고 있다.

환경교육운동가 되기

동일한 시대를 살아온 많은 사람들 가운데 환경교육운동가가 된 사람들은 '왜' 환경교육운동가가 되었을까? '무엇이' 그들을 환경교육운동가가 되게 이끌었을까? 여기서는 앞서 재현된 구술자들의 생활세계를 통해 그 인과관계를 살펴보았다. 이 과정은 개인과 사회, 사회와 역사의 각각의 맥락을 분석함으로써, 씨실과 날실이 만날 수 있도록 하였다.[21]

1. 왜?

– 환경교육운동가 되기의 원인(동기와 영향요인)은 무엇인가?

그들의 생애에서 '환경운동가의 환경교육운동가 되기'에 영향을 미친 요인들은 무엇이었을까? 구술내용의 분석결과, 구술자들을 통해 나타나는 동기와 영향을 미친 요인은 크게 개인 경험, 시대 경험,

---

21) 이 가운데 '과정' 분석에서 '운동참여과정의 상호작용'과 '심리적 과정', 그리고 '결과' 분석에서 '정체성의 체계와 의미 변화'에 관한 부분은 Kiecolt(2000)가 제시한 '사회운동 자아개념(self-concept)의 변화 모델'을 참조하였다.

개인 소양으로 나눠볼 수 있었다.

■ 개인 경험

구술자들의 환경교육운동가 되기에 영향을 미친 "개인 경험" 차원의 주요요인으로는 1) 환경에서의/으로부터의 경험, 2) 글 읽기, 쓰기 경험, 3) 교육 경험과 교사 경험, 4) 종교 경험, 5) 학생운동과 노동운동 경험 등이 두드러지게 나타났다.

환경에서의/으로부터의 경험

구술자들은 어린 시절 자연스럽게 풍부한 자연에 대한 긍정적인 경험을 가진 경우가 많았다. 집 앞 강가에서 물놀이를 하고, 동네 어른들의 눈을 피해 콩서리를 하고, 장을 가기 위해서는 산을 넘어야 했던, 논길 따라 산길 따라 학교에 가는 것처럼 특별한 어떤 것이라기보다 일상적인 것이었다. 그런 이들이 어느 시점에서 환경에 대한 부정적 경험을 하게 되었을 때, 환경문제에 대한 민감성 혹은 환경 감수성은 더욱 커지는 현상으로 나타났다.

문창식은 "찌그러져 가는 초가집"이 자기에게는 "대궐같이" 느껴졌던 기억처럼 산골 마을에서 시내로 장보러 다니던 일이나, 실개천에서 가재를 잡고, 맑게 비치는 그 물을 바로 마시던 일들이 "정말 좋았던" 기억으로 남아 있었다. 그로 인해 이후 성장과정에서 도시로의 급격한 이농현상으로 자라온 환경을 떠난 경험은 상대적으로 부정적인 경험이 되었다. 이러한 경험들은 환경문제를 '좋다, 나쁘다'의 차원이 아닌 사회 구조적인 문제로 인식하는 계기가 되었다.

한 번씩 장날, 면에 나오면 어머니 손을 잡고 이렇게 아침 새벽 일

찍 출발을 하는데 장에 도착하면은 거의 이제 점심 먹을 때쯤 돼
요. 한 서너 시간을 이제 큰 산을 이렇게 이제 넘어서 가요. 시골
중에도 그야말로 산골. 근데 정말 좋았어. (…) 찌그러져가는 초가
집이 내한테는 대궐이었고, 바로 앞에 이제 실개천이 이렇게 쫙
흐르는데 문 열고 나가면 그 가재를 잡을 수 있다는 거에… 이렇
게 돌 같은 거 싹 들고 가재 보고 거의 청정수 그냥 물 떠먹고. (문
창식 1차, 1~2면)

[부모님은] 농사를 조금 지으시다가 너무 힘드셔 가지고, 우리가
그 형제가 오, 4남 1녀였는데, 원래는 4남 3녀였는데. (…) 고생을
하시다가 70년대에 그 뭐야, 도시 이농현상 막 전국적으로 있을
때, 무작정 집과 땅을 내려놓으시고, 보따리 싸들고 다 데리고 도
시로 나오는… 그때가 내가 일곱 살 때야. 그때부터 계속 대구였
어. (문창식 1차, 1~2면)

이들의 생활 속에는 환경이 자연스럽게 녹아 있었기 때문에 환경
에 대해 크게 민감하게 생각하지 않았다. 그래서 성장 과정에서 겪
은 환경에 대한 부정적 경험은 보다 충격적으로 다가왔고, 그로 인
해 환경에 관심을 갖게 되었다. 주요 구술자인 여진구, 문창식, 문용
포, 차수철의 경우가 그러했다. 여진구의 경우 지역의 환경문제를
인식하게 되면서, 문창식과 문용포의 경우 80년대 본격화된 이농현
상으로 가족들이 삶의 터전을 떠나 어려움을 겪었던 경험을 했다.
이후에도 문창식은 페놀오염사건, 문용포는 오름에 송전탑 건설이
라는 지역의 현안을 경험하면서, 환경에 대한 민감성을 키워 갔다.
이들의 경우 환경에 대한 부정적 경험은 환경감수성, 사회적 행동
이나 실천의지로 표출되었고, 환경운동가가 되는 직접적 계기가 되
었다.[22)

한편 환경운동에 참여하기 전까지는 환경에 민감하지 않고 큰 관

---

22) 이 밖에도 보조구술자인 김낙경의 경우에는 도시개발로 자신이 살던 동네의 배 밭이 사
라지고 아파트가 들어서면서, 자연체험의 공간을 잃어버리게 되어 안타까워했던 기억이
있었다. 오창길의 경우에는 공항 주변에 살면서 소음에 시달려야 했고, 공항에서 일하던
아버지의 건강에 악영향을 미치는 것을 보면서 환경문제에 눈을 뜨게 되었다.

심도 없었던 경우도 있었다. 김혜애의 경우 어린 시절을 떠올릴 때 자연 혹은 환경에 대한 특별한 기억을 갖고 있지 않았다. 그녀의 이야기는 초등학교 시절 축구부, 밴드부 등 친구들과의 학교생활에서 시작되었다. 그녀는 사회문제에 관심이 있어 운동권 학생이 되었고, 사회 진출과 함께 운동을 시작했다. 그 과정에서 대중적인 운동의 "아이템"으로 환경을 선택했다. 이때까지 그녀에게 '환경'은 크게 부각되지 않다가, 사회문제의 하나로 환경문제를 인식하면서 환경운동을 시작했다. 선택 과정에는 운동 선배와의 만남, 대중운동으로 전환되는 시점, 사회문제의 학습 등의 상황들이 매개로 작용했다. 그녀는 운동참여과정에서 '환경'에 대해 더 깊이 알게 되면서 환경감수화가 진행된 경우이다.

> 둘이 뭐 얘기하다가 평화운동에 둘 다 관심이 있었고, 근데 평화운동은 내세우기 좀 갑갑하니까 환경운동을 한번 해보자 해서, 환경단체를 한번 만들자 이래서 사람을 조직하기 시작했어요. (…) 처음에는 환경이라는 게 대중적인 아이템을 찾다가 환경이란 아이템을 찾았는데, 90년대 초에 신문 스크랩을 해보면 하루에 일주일이면 환경 관련한 기사가 한두 개, 세 개 이 정도 날 때 쯤이에요. (김혜애 1차, 3~4면)

다른 경우는 '환경'에 대한 인식 자체가 바뀌는 경우이다. 경험으로 볼 때 환경운동 현장에는 환경공학이나 원자력공학 같은 환경관련 전공자들이 적지 않다. 이들은 환경에 대해 공부하는 과정에서 환경운동의 길을 선택하게 된 경우이다. 이들은 환경 이외 영역의 경험이나 가치관이 환경관에 관여해, 환경에 대해 새롭게 인식하게 된 것이다.[23]

---

23) 보조구술자인 정병준은 환경을 돈 되는 산업으로 인식했다가 시민강좌를 통해 환경에 대해 알게 되면서 환경운동가가 되었다. 환경위기가 심화되면서, 80년대 말부터 90년대 들어가면서 환경운동과 함께 환경산업도 주목받기 시작했고, 그 시기에 돈이 되는 사업으로 생각해서 배우려고 갔던 시민교육 프로그램이 환경에 대한 가치관을 획기적으로 전환

흥미로운 것은 어린 시절 자연에서의 경험이 있는 경우에는 그 시절의 기억이 자연, 친구, 가족과의 관계에 이르기까지 구체적으로 생생하게 전개되는 반면, 그렇지 않은 경우에는 친구 혹은 교사와의 관계 맺기를 시작한 초등학교 시절로부터 기억이 시작된다는 것이다. 구술면담 상황에서 어린 시절의 이야기를 들려달라고 했을 때, 풍부한 자연환경에서 자란 여진구, 문창식, 문용포, 차수철의 경우에는 자연에서의 경험을 시작으로 친구나 형제, 가족과의 경험 등에 대한 구체적인 기억이 있었지만, 김혜애의 경우에는 어린 시절의 기억은 학창시절부터 시작되었고, 더 어린 시절에 대해 추가 질문을 했을 때 별다른 기억이 없다고 했다.[24] 앞의 경우는 자연이라는 장소감과 자연과의 관계성이 매개가 되어 생활세계에 대한 기억을 구체화시키고 있었다. 또한 이후 삶에서 '환경'을 보다 강하게 부각시키고 있었다.

이상에서 살펴보았듯이, 환경운동가가 된 사람들은 환경에 대한 긍정적 혹은 부정적 경험에 대한 구체적인 기억을 가지고 있었다. 그런데 환경에 대한 경험이 환경감수성을 강화시킨다고 볼 때, 구술자들의 삶에서 드러나는 환경의 경험은 꼭 긍정적인 것만은 아니었다. 오히려 환경의 긍정적 경험보다 부정적 경험이 이들의 삶에서 환경을 전면에 부각시키는 역할을 하고 있었다. Finger(1993)는 환경문제나 환경쟁점에 민감하거나 심각하게 느끼는 과정을 '환경감수화(environmental sensitization)'로 표현했다. 구술자들은 풍부한 자연공간이나 자연체험 등의 긍정적인 경험이 전제되었을 때, 환경

시켰다. 그는 이를 계기로 사업가에서 운동가가 되었다.

24) 보조구술자인 유정길과 오창길도 어린 시절 자연환경에 대한 특별한 기억은 없었다. 그들의 기억과 구술은 학창시절에서부터 시작되었다. 이들은 사회에 대한 관심이 생기면서 '운동'이 먼저 부각되었고, 이후 운동참여과정에서 '환경'이 부각되었다.

감수화가 더 잘 일어날 수 있음을 보여주었다.

한편 환경에 대해 민감하지 않았던 사람들은 환경에 대한 학습 경험을 통해 환경관을 형성하기도 했다. 이 경우 환경관 이외의 다른 가치관, 예컨대 사회나 교육에 대한 관심 때문에, 환경을 주요 주제로 받아들이고 환경에 대해 새롭게 인식하고 있었다. 이 경우로 장기간에 걸친 환경운동이나 환경강좌 참여와 같은 적극적 경험이 지속될 때 환경감수화가 의도적으로 발현될 수 있음을 확인할 수 있었다.

글 읽기와 글쓰기 경험

구술자들의 생활세계에서 나타나는 공통적 경험 중의 하나는 글 읽기와 글쓰기의 경험이다. 구술자들은 환경교육운동가의 소양에 영향을 미친 요인으로 텍스트를 통한 학습과정을 언급하고 있었다. 실제로 그들의 삶에서 글쓰기, 글 읽기에 대한 관심은 사회에 대한 관심으로 발현 되었고, 자신을 교육가 혹은 운동가로 성장시키는 데 크게 영향을 미치고 있었다.

김혜애, 문용포, 차수철의 경우, 청소년기 독서 동아리나 동인지 등의 활동을 통해 글쓰기와 글 읽기를 경험한 적이 있다. 이들은 자발적으로 모임이나 동아리에 참여하였고, 이런 활동에 참여했던 이유를 자신의 소양이나 성향으로 받아들이고 있었다. 동아리나 모임을 통해 활동하면서 사회문제에 대한 관심과 사회성이 개발되고 있었다. 또한 그들이 운동에 참여하는 데 직접적 매개가 되었던 멘토와의 만남도 이러한 동아리나 모임을 통해 이루어지는 경우가 많았다.

> 그 서클에 들어가서 그때 책을 굉장히 많이 읽었어요. 현대 단편부터 시작해서 고전까지, 왜냐면 거의 일주일에 한 번 정도씩 독서 토론회를 했으니까 자체에서 책 읽고 토론회 하고 이런 식으로 했으니까, 뭐 연합 토론회도 하고, 다른 학교들이랑 그 남학교와도

광장히 관계를 여러, 넓게 맺을 수 있었고… 되게 중요한 시기였던 것 같아요. 고등학교 때가 책을 읽으면서 아무튼 사회문제에도 관심을 많이 가졌던 것 같고… (김혜애, 1면)

교육문화연구회 사범대 친구들하고 같이 하는 동아리에 참여했었고, 그 다음에 또 과 뭐… 편집부장 같은 거도 하고… (문용포 1차, 6면)

[어렸을 때부터] 어울리고, 글 쓰고 하는 거에 관심이 있었기 때문에, 지향들이 자연스럽게 있었던 것 같아요. (…) '등불'지라고 있었는데. 편집기자 하면서, 원래 글쓰기, 문학 이런 쪽에 관심이 많았으니까. 고등학교 때도 이제 '시그널'이라고 해서 동인지도 만들고, 시도 쓰고, 늘 글 쓰는 거에 관심이 있었고… (차수철 1차, 1면)

글 읽기와 쓰기는 자발적인 활동으로 개인의 소양으로 인식되었다. 문용포의 경우는 신문 읽기를 좋아했고, 신문을 읽으면서 사회문제에 눈을 떴다고 이야기했다. 이처럼 신문을 읽는 것이 중요한 기억으로 남아 있는 경우에는 텍스트 자체도 중요한 영향을 주었지만, 신문의 중립적이지 않은 시각이 비판적 사고를 형성하고, 사회문제에 더 관심을 가지게 되는 계기가 되었다. 이들은 진보신문인 한겨레의 창간을 중요한 사건으로 기억하기도 했다.

학기 중에도 신문 배달은 쭉 했어요. 한겨레 창간호부터… (…) 그때는 하여간 신문을 많이 보긴 한 것 같아요. (…) 후배들도 나한테 찾아오는 경우가 딱 둘. 술 사달라는 거 하고, 그 다음에 (…) 도대체 이 [사회이슈들의] 뒷얘기가 어떤 건지 나한테 그런 거 물어보러 많이… (…) 또 타임지라는 게 중립적인 시각도 아니고, 미국의 시각, 그리고 미국 내 대외 영향을 미치는 그런 시각이 많이 있어요. 그래서 그렇게만 봐서는 안 되겠다 싶어서 그 관련한 외신을 다 많이 보려고 했죠. (문용포 1차, 5~6면)

혹은 선배나 지도자의 권유로 읽게 된 책 한 권이 '확철대오'하는 깨달음과 같은 인식의 결정적 전환을 가져오는 경우도 있었다.[25]

여진구의 경우 대학 지도교수가 소개해 준 책 한 권이 환경문제에 대한 관심과 인식을 전환해 준 계기가 되었다. 그는 어릴 적 자연에서의 경험 외에 특별한 환경에 대한 경험은 없었지만, 대학 시절 읽은 이 한 권의 책이 환경문제를 중요하게 인식하도록 했다. 결국에는 환경운동가의 길을 선택하는 데 중요한 영향을 미쳤다. 구체적인 "텍스트"를 통해 '환경'을 삶의 전면에 두는 부각시키는 경험을 하게 된 것이다.

> [신학대 시절] 빈민지역 가서 [전도, 실습]하는 게 있어요. 그 다음에 이제 교수 중에 미국에서 온 지 얼마 안 된 교수가 있었는데 1학년 때 내 지도교수였어요. (…) 그 환경에 관련 책 몇 권을 소개를 해 준 적이 있어요. 그거 보고 인제 환경문제에 대해서 관심을 가지고, 공단 지역 가고… 폐수 이런 거 나오면서 좀 열악한 그런 데서 그 폐수… 보고 하면서 환경이 굉장히 중요한 운동의 영역으로 인지를 했죠. (여진구 1차, 17면)

한편 운동권 학습문화는 글 읽기쓰기 경험의 중요한 배경이었다. 구술자들은 공통적으로 운동권 학생이라는 독특한 삶의 경험을 가지고 있었다. 이들에게 운동권 학습 문화는 운동가로서의 가치관과 신념을 만들어가는 데 주요한 영향을 미쳤다. 특히 운동권 학습 문화로 대표되는 글 읽기쓰기는 다음 세대의 운동가를 길러내는 운동의 확대, 재생산이라는 역할을 충실히 해왔다. 문용포의 경우 누군가에게 학습을 받았고, 다시 누군가에게 학습을 시켰다고 했다.

> 저도 누군가에게 학습을 받았기 때문에, 정치경제학이나, 이런 사회주의 사상에 대한 공부를, 또 맑스주의에 대한 걸 이렇게 저렇

---

25) 보조구술자인 유정길의 경우 멘토이자 스승인 법륜이 권하는 책을 보기 시작하면서 환경에 대한 인식이 전환되었다. 그는 이런 종류의 학습과정이 환경문제를 보다 통찰적으로 이해하게 했고, 환경운동을 '전 지구적 변혁운동'이라는 새로운 철학과 이념으로 새롭게 인식하는 의식전환의 계기가 되었다고 기억한다.

게 했지만… 또 후배들한테 그런 공부를 또 가르치기도 하고… (문
용포 1차, 6~8면)

이런 학습문화의 경험도 꼭 긍정적인 측면만 있는 것은 아니었다.
차수철은 당시의 운동권 학습문화가 자신의 신념과 가치관 형성, 역
량강화에 지금까지도 큰 영향을 미쳤지만, 한편으론 그 경험이 실천
보다 이론을 중시하는 '사변적인' 인간을 만들어내는 일종을 폐해를
가져오기도 했다고 지적했다. 이에 대해 김혜애는 기존 운동의 관성
에서 벗어나지 못할 때가 있다고 표현했다. Manen(1990)은 "글쓰기
가 사유를 실천에서 유리시키지만 결국 실천으로 돌아가게 한다"라
고 했다. 운동가들은 이를 벗어나기 위해, 새로운 가치를 포용하거
나 의도적으로 실천적 지향을 추구하기도 했다. 자기반성을 통한 의
도적 실천은 성찰성과 실천성을 드러내주는 과정으로 볼 수 있다.

민중교육의 두 거장인 파울로 프레이리와 마일즈 호튼은 '책읽기'
의 힘을 특별히 강조한 바 있다(Freire & Horton, 1990). 이들은 책
읽기가 독자로 하여금 텍스트를 다시 쓰게 하는 창조적이고 미적인
활동이며, 책읽기는 경험과 연결되어야 한다고 말한다. 구술자들에
게 글 읽기쓰기의 경험은 이전의 생활에서 사회문제와 운동에 대한
관심을 갖게 하는 매개로, 운동에 참여하는 과정에서 신념과 통찰적
가치관의 성립, 역량강화, 운동 확대재생산의 성과로 그 의미를 갖
는다.

교육 경험과 교사 경험

사람들은 평생에 걸쳐 '교육'을 경험한다. 모든 사람들에게 교육 경험은 삶에 영향을 미치게 되지만, 교육가 혹은 교육운동가의 삶을 선택한 사람들에겐 보다 특별한 의미를 가진다.

구술자들의 교육에 대해 관심은 특별한 시점에서 시작하고 있지 않았다. 이들은 "원래 관심이 있었다"라고 했다. 5명의 주요구술자 가운데 2명은 어릴 적부터 교사의 꿈을 품었고, 이들 가운데 차수철은 사범대에 진학했다. 그에게 교사의 꿈은 자신의 소양이나 성향과도 일치했고, 시골에서 부모가 바라는 직업이기도 했기에 자연스럽게 선택하게 되었다. 여진구, 문창식, 문용포의 경우 "원래 교육에 관심이 많았다"라고 이야기했다. 이들의 경우, '환경'이나 '운동'이 특별한 시점에서 부각되는 것과는 달리, '교육'은 생애 전반에 걸친 학습과정과 개인소양, 성향, 관심, 경험, 가치관 등이 어우러져 형성되는 것으로 나타났다.

> 원래 교육에 관심이 많죠. 내가 원래 목사 하려고 했었는데 (…) 그때는 교육 부서에서 교육 기획을 했나 지금 정확하게 기억이 안 나는데… 현장[활동] 하면서 했던 거 같기도 하고… (여진구 1차, 17면)

> 강한 의지보다는 농촌지역사회에서 바라보는 교사상이랄까? 그런 것들이 어울리고, 글 쓰고 하는 거에 관심이 있었기 때문에, 그렇게 지향하는 것들이 자연스럽게 있었던 것 같아요. (차수철 1차, 1면)

문용포의 경우도 "원래부터" 교육과 교사에 관심이 있었다. 그의 경우 어릴 적 교사에 대한 경험과 교사를 꿈꾸게 된 계기가 상대적으로 구체적이었다. 그의 꿈은 긍정적 경험보단 부정적 경험에서 발현된 것이었다. 그는 좋은 교사도 있었지만, 좋지 않은 교사에 대한 경험을 하면서 "저런 선생 말고 좋은 선생 없을까" 하고 생각했다.

구술자들 가운데는 문용포처럼 교사에 대한 부정적 경험을 기억하는 사람들이 의외로 많았다. 이처럼 기존의 교육방식에 대한 부정적인 경험은 제도권 밖의 대안적 교육에 관심을 갖게 하는 요인이 되기도 했다.

한편 운동가들의 교육 경험 가운데 구체적인 철학과 이념, 가치형성에 영향을 미친 것은 학생운동의 학습문화였다. 당시의 학습문화는 독서토론이나 술자리 등의 동아리 활동이나 비공식적인 모임을 통해 이뤄졌고, 그들의 학습문화 경험은 현재까지 그들의 가치관에 크게 영향을 미치고 있었다.

> 우리가 여름방학 때면, 도서관에 앉아가지고, 한 달 반 정도 만에
> 책을 한 200권 정도씩 읽거든. 그러니까 그때 독서량이 어마어마
> 했지. 토론하고, 읽고 토론하고 읽고 토론하고… (차수철 4차, 9면)

때때로 교육가 혹은 교육운동가로서의 선택을 강화시키는 결정적 매개 상황들은 구체적인 교육현장의 피교육 경험에서 나타나기도 했다. 여진구의 경우 환경문제에 대한 관심 때문에 단체를 찾았다가 시민강좌인 '배움마당'에 참여하면서 목회활동을 하던 자원활동가에서 전업운동가가 되었다. 문창식의 경우 운동과정 도중에 참여했던 '아시아시민사회 연수' 경험이 자신의 삶과 운동을 돌아보는 계기가 되어 운동의 정체성 변화를 겪었다.

이들은 공통적으로 환경운동과정에서 교육활동을 직접 진행하면서, 교육이 부각되거나 강화되는 경험을 가지고 있다. 그 과정에서 교육중심환경운동가가 되거나 환경교육운동가가 되었다. 여진구의 '어린이환경학교', 문창식의 '청소년 강강술래단', 문용포의 '오름학교', 차수철의 '녹색생명운동' 등은 이들이 삶의 전면에 '교육'을 배치시키는 직접적 매개가 되었다고 할 수 있다. 그들은 이 과정에서 때로는 행복과 감동을, 때로는 교육의 힘을 느끼기도 했고, 교육이 무엇인가 깨달아가고 있었다.

> 직접 아이들을 교육할 때가 제일 행복했던 것 같구요. 직접 교육
> 할 때 (…) 확신이 드는 게 뭐냐면 생태운동을 했어요, 교육하고 접
> 목을 하니까는 이게 엄청난 폭발력을 갖는 거예요. (여진구 2차,
> 19면, 21면)
> 애들이 그 출발할 때부터 지금까지 이제 평가, 반성 이걸 하는데
> 너무 진지한 거야. 애들이… 진지하고 말 한 마디 한 마디가 마음
> 이 담겨져 있는 (…) 오… 그래가 완전 감동해서… (문창식 1차,
> 23~24면)

> 아이들하고 다니면서 달라진 게, 아이들은 안 올라가는 거야. 계속

밑에서 뭘 물어봐. 그래서 내가 깨달은 건 내가 올라가서 할 얘기
보다 이미 밑에서부터 아이들이 보고 느끼는 것이 훨씬 많은 걸
알고… 내가 '아, 그랬구나!'… (문용포 1차, 19면)

이처럼 교육과 교사에 대한 경험은 이후 운동참여과정에서 급격
한 시대적 변화와 사회변혁에 대한 요구 속에 삶의 '배경'으로 미뤄
두었던 교육을, 다시 삶의 '전경'으로 배치시키는 요인으로 작용하고
있었다. 즉, 구술자들의 어릴 적 교사에 대한 꿈과 경험들은 이후 학
생운동의 학습과정, 환경단체에서의 시민참여나 교육중심 활동, 혹
은 연수나 강좌 등의 피교육 경험 등을 통해, 교육을 다시 삶의 전경
으로 부각시키고 있었다. 구술자들의 삶에 있어 교육은 어느 한 시
점에서 부각된 것이 아니라 살아가면서 경험하고, 느끼고, 반성하는
자기성찰의 과정, 즉 삶 전반에 걸친 평생학습의 과정을 통해 진행
되었다. 특히 교육과 삶, 그리고 운동과 삶을 일치시키고자 하는 의
지가 강한 경우, 교육과 운동을 분리시키지 않고 통합적으로 보려는
경향이 강하게 나타났다.

종교 경험

구술자들의 생활세계에서 두드러지게 드러나는 경험 가운데 하나
는 종교 경험이었다. 이들에게 종교 경험은 환경교육운동가가 되는
과정에서 다양한 유형으로 나타나고 있었다. 차수철의 경우 지역 종
교인 불교를 접했고, 이는 그에게 신앙보다는 철학이 되었다. 그는
불교 동아리 활동을 하면서 소외된 자를 위한 민중운동의 철학이 자
리 잡게 되었고, 이는 운동의 전반에 영향을 미치고 있었다. 그는 종
교를 철학으로 받아들이면서 특히 종교의 실천성, 소외계층을 위한
역할을 중요하게 인식하고 있었다.

해인사 바로 밑이었으니까 그건 하나의 지역종교라고도 할 수 있
고, 기독교적으로 이야기하면 모태신앙이라 할 수 있지, 지역신앙
이자 모태신앙. 그게 이제 죽 중학교, 고등학교, 대학교까지, 별로
이제 스스럼없이 불교학생회에 들어갔고, 거기서도 열심히 했죠.
(…) 모든 종교라는 게 뭐 해석하기 나름이잖아요. 가난하고 힘없
는 자의 편에서 종교가 해석되어져야 되고 (민중 신앙 같은 건가
요?) 그렇죠. 민중 불교라고 이야기 하죠. 그 당시 동아리 생활 처
음 할 때에는 그 책가지고 맨날 선배들하고 싸웠죠. 맨날 목탁 두
드리고 말야 돌덩어리 앞에서 절만 하면 뭐 하냐고… (차수철 1차,
1~2, 5면)

이러한 모습은 문창식에게도 나타났다. 그는 기독문화가 좋아 교
인이 되었지만, 가끔은 삶과 일치되지 않는 기독인들을 보면서 갈등
했고 예수의 실천적 삶이 자기 운동의 지향이 되었다. 이를 계기로
그의 실천적 삶의 지향이 강화되었다. 종교 경험을 통해 그는 사랑
과 배려를 운동가의 소양으로 생각하게 되었고, 실천하는 교육, 삶
을 통한 운동을 지향하게 되었다.

종교의 인제 심취했다기보다는 교내, 교내에 있는 사람과 교회에 생
성된 문화, (…) 교회를 가니까 너무 반겨주는 거야. (…) 이렇게 느
끼고 나니까 참 교회가 좋더라고. 사람들이 좋고. (문창식, 3~4면)

나는 그 보수적인 교회 다닐 때, 정말 이렇게 고민을 많이 한 거는
그 예수의 삶에 대한 고민을 되게 많이 했어요. (…) '그 삶이 나한
테 주는 의미가 뭘까?' 그런 삶을 통해서 내가 받아들인 거는, '이
사람한테는 실천이 있었다.' 그거에 내가 이렇게 [영향을] 많이 받
았지. (…) 내 삶을 통해서 이거는 내가 실천해야 될 부분이다. 해
서 인제 사회운동이나 뭐 이렇게 좀 한 거고, 저 학생운동권 출신
처럼 막 투철한 이런 신념과 그… 그렇게는 안 한 것 같아. 하하하.
(문창식, 14~15면)

이처럼 운동가들에게 종교는 가치와 철학의 기반이자 훈련의 장
이었고, 운동의 동기이자 신념의 토대가 되기도 했다.[26] 더욱이 초

기의 시민운동은 종교운동이 차지하는 비중이 상대적으로 컸던 것으로 나타났다. 2000년 조사된 사회운동단체 활동가들의 종교는 기독교가 30.4%, 천주교가 13.1%, 불교가 7.9%로 당시 사회 전반에 나타나는 통계 수치와 비슷한 비율로 나타났지만, 이전 운동의 경험 조사결과에서는 사회운동을 경험한 55명 가운데 27명이 종교운동의 경험을 갖고 있는 것으로 볼 때, 시민운동에서 종교운동의 영향력을 짐작할 수 있다(신명호·이근행, 2000).

운동가가 되는 일은 자신의 신념, 철학, 지향을 실현하는 하나의 방편이다. 신명호·이근행(2000)의 연구에 나타난 운동가들은 지속 가능한 활동을 위한 필요요건으로 최소한의 생계비(30.1%) 다음으로 운동적 전망(신념과 의욕을 고취시켜주는 이념이나 이론)(26.7%)을 꼽고 있었다. 운동가들은 자신의 운동에 대한 동기부여가 되었을 때, 재정적 어려움 같은 현실을 극복하고 운동을 지속해 나가게 되는 것이다. 종교는 운동가들에게 필요한 신념과 철학을 형성, 유지, 강화시키며, 헌신, 봉사, 사랑, 배려와 같은 인간성과 도덕성에 의미를 부여해주었다. 또한 사회로부터 보호하고, 세상과 만나는 통로가 되어 운동가들의 삶에 관여하고 있었다. 이러한 종교적 철학과 신념은 환경교육운동가에게 필요한 윤리적이고 실천적인 소양과 가치관 형성의 바탕이 되어 중요한 역할을 하고 있었다.

---

26) 이밖에도 보조구술자의 구술에서도 종교경험이 의미 있는 경험으로 나타났다. 유정길의 경우 사회운동의 의식화를 통해 운동가가 되었고, 이후 종교적 경험을 하게 되었다. 수배 중이던 그는 도피처로 절에 들어갔다가 정신적 스승이 된 법륜을 만나게 되면서, 생태적 가치와 철학, 불교적 철학을 깨우치게 되었고, 인식의 지평을 확장하는 계기가 되었다. 당시의 종교는 억압적인 사회적 상황으로부터 보호해주고, 철학과 가치관을 확장시키는 학습훈련의 장이기도 했다. 김낙경의 경우 가족종교로서 교인이 되었고, 기독운동을 통해 시민운동에 대해 참여하게 되었다. 가족의 영향으로 진보적인 성향의 신학대학에 입학했고, 기독운동을 하게 되었다. 그 과정에서 운동영역의 하나로 환경운동을 하게 되었다. 그녀 역시 종교적 실천이 운동의 모습으로 발현되고 있는 것으로 볼 수 있다. 오창길의 경우 종교를 통해 '봉사'와 '배려'의 삶을 선택하게 된 사례이다. 그는 봉사하고 베풀 수 있다는 생각에 교대에 진학하였고, 교사이자 환경교육운동가로서의 삶을 살아가고 있다.

학생운동과 노동운동 경험

구술자들의 80년대 '운동권 학생'의 특수한 경험은 하나의 에피소드로 치부될 수 없는 경험이었다. 그들은 힘주어 "혼신을 다했다"거나 "고스란히 바쳤다"라고 표현할 만큼, 운동 경험이 자신의 정체성과 가치관을 형성해가는 데 깊이 관여한 것으로 고백하고 있다. 특히 차수철에게 이 시절의 운동 경험은 자기정체성, 이론, 역량 형성에 영향을 미쳤고, 현재까지도 이 경험이 자신이 꿈꾸는 운동의 동력이 되고 있었다. 그는 그때를 몸과 마음을 다해 정진했던 시절로 기억하고 있었다.

> 운동을 학생운동으로 시작을 했으니까, 그게 뭐 근 20년 운동의 가장 밑바탕이고 동력이라고 할 수 있겠죠. (…) 자기 정체성과 이론을 마련하고, 또 일을 풀어가는 일을 기획하는 전반의 능력들도 다 그 과정을 통해서 형성이 되었다 저는 그렇게 봐요. 그래서 그 이후에는 뭐, 장(場)과 내용이 조금 다를 뿐이지, 그 힘에 의해서 지탱되고 있지 않은가 (차수철 2차, 3면)

> 그 혼~신을 바친 거 있잖아요. 혼신을, 말 그대로 몸과 마음을 다 바쳐서, 열정적으로 살았던 시대였죠. 네. 삼십 며칠을 거리를 누비고 다니고, 흔한 말로 정말 삶과 죽음의 경계에서 어… 고민과 고통을 함께 나누었던 시간들이기 때문에, 그 시간은 뭐, 말 그대로 혼신을 다 바쳤던 시간이었죠. (차수철 1차, 5면)

> 들어오자마자 별 고민 없이 학생운동 시작하게 됐고, 그리고 이제 4년을 고스란히 바친 거죠. (김혜애 1차, 2~3면)

읽고 사유하는 운동권 학생들이 경험한 학습문화는 신념과 가치관을 지닌 운동가의 정체성을 형성하는 요인이 되었다. 이는 운동의 진입과정이면서 운동가들의 확대재생산에 주요한 수단이 되었고, 삶을 관통하는 정체성을 다지는 과정이 되었다.

사상을 키우고, 학습능력을 키우고, 논리를 키웠던 것 중에 하나
가, 그때 같이 교회 다녔던 후배 녀석 하나가 고대 언더 그룹이에
요. 학습하는 데 아주 주요인물이에요. 또 하나 후배는 충남대 총
학생회장해서 날리던… (…) 친구들이 서로 연락이 되고 그쪽 친구
도 페이퍼나 문서, 자기들이 정리한 것도 보내주고 우리는 공동으
로 학습을 했죠, 책을. 쉽게 얘기하면, 금서목록을 뽑아서, 그거를
하고. 밤새 토론하는 학습모임을 제 자취방에서 했었어요. (여진구
1차, 19면)

한편 민주화 사회로 이행이라는 독특한 시대적 배경은 '운동권 학
생'이라는 독특한 사회구성원을 만들어냈다. 이들은 더 이상 학생의
지위를 가질 수 없게 된 사회 진출의 시점에서 노동운동, 농민운동,
종교운동, 시민운동, 여성운동, 빈민운동, 환경운동, 문하운동, 교
육운동 등 '운동'을 할 수 있는 다양한 영역으로 찾아갔다. 문용포의
구술에서 나타나듯이, 동구권 붕괴 이후 운동이 재편되면서 많은 사
람들이 운동 영역을 옮겼다. 특히 노동운동을 했던 많은 사람들이
시민운동으로 옮겨온 것으로 나타났다.[27]

혁명 조직일 수도 있고, 뭐 그때는 다 변혁을 꿈꿨던 때가 80년대
후반에 한국 사회를 어떻게 확 뒤집을 수도 있다고 생각을 했던
사람들이 많았기 때문에, 그건 뭐 공개된 조직이 아니기 때문에…
그 조직에서 예를 들어서 학생회 쪽 사람들이 학생회[에] 참여[해
서], 어디 어디에 무슨 교육문화연구회에 들어가서 어떻게 하고
이런 것들이 다 있는[었던] 거죠. (문용포 1차, 9~10면)

■ 시대 경험

구술자들의 환경교육운동가 되기에 영향을 미친 요인들 가운데,
주요하게 드러나는 '시대 경험'은 1) 70~80년대 고도성장과 급격한

---

27) 신명호와 이근행(2000)의 사회운동단체 활동가 연구결과에 따르면, 이전 운동의 경험으
로 사회운동을 경험한 55명 가운데, 44명이 노동운동을 했던 것으로 나타났다.

이농현상, 2) 87년 민주화 항쟁 전후, 3) 90년대 초반 동구권 붕괴, 4) 91년 페놀오염사건 등이었다. 분석과정에서 주요구술자들의 인용과 함께, 동시대를 경험한 보조구술자들의 구술증언을 역사자료로 인용하였다.

70~80년대 고도성장과 급격한 이농현상

1960년대 중반 이후 시작된 농촌 인구의 감소는 1970년대 이후 급격히 진행되었고, 1980년대에는 지역사회의 와해를 우려할 만큼 심각해졌다(정기환 외, 1999). 1960년대 후반의 급격한 이농은 농촌사회의 기반을 뒤흔들 정도였다. 농촌 거주 인구는 1960년도 전체 인구의 72%에서 30년이 지난 1990년에는 총인구의 25.6%로 감소되었다. 이 시기 도시 인구는 연평균 4.7%씩 증가하여 2.5배 증가했지만, 농촌 인구는 연평균 2.72%씩 감소했다고 보고되었다(성진근, 1994). 이러한 현상은 경제성장, 특히 농업부문에서 도시산업부문으로의 산업구조의 변화와 함께 진행되었다.

1970년대에 어린 시절을 보낸 구술자들은 급격한 개발과 성장을 겪었다. 그들은 농사를 짓던 부모들이 생업을 포기하고 찾아간 도시에서 빈민으로 살아가는 과정을 겪거나, 개인적으로는 추억이 어려 있는 자연을 잃어가는 경험, 동시에 고도성장의 정점에 이르는 동안 축적된 환경문제들이 심각하게 표출되는 시대적인 경험을 했다. 이러한 경험은 환경감수화와 더불어, 사회구조적 문제를 인식하는 과정이 되었다.

앞서 환경에서의 경험에서 살펴보았듯이, 환경에 대한 긍정적 경험을 한 뒤에 부정적 경험을 겪게 되었을 때, 이들은 현상을 보다 부정적으로 혹은 충격적으로 받아들였다. 이러한 현상은 개인적으로 환경운동에 참여하게 되는 직접적, 간접적 계기가 되었고, 운동에서 '환경'을 사회운동의 중요한 과제이자 운동영역으로 인식하게 되는 계기가 되었다.

87년 민주화항쟁

1979년 군사 쿠데타 이후, 1980년대의 억압적 정치구조는 민주화 운동 세력을 결집시켰고, 1987년 6월 항쟁을 통해 사회변화를 이끌어 내고 형성하기에 이른다. 민주화항쟁은 지금까지 사회학 연구의 주요주제가 될 정도로 한국사회의 거대한 흐름을 바꿔온 시대적 경험이었고, 많은 운동가들에게 상당한 영향을 미쳤다.

여진구의 경우 청소년기 우연히 독재정권의 억압적 행위를 직접 목격한 것이 사회비판적 의식을 형성하는 데 크게 영향을 주었다. 문용포는 87년 민주화항쟁이 "운동가의 삶을 살아야겠다"라고 결심하는 직접적인 계기가 되었다. 차수철도 이 시기를 '암울~한' 시기에 "혼~신을 다했다"고 회상하고 있다.

> 옛날에 그걸 다 봤지. 군사 쿠데타 전두환 할 때, 계엄령 선포되고 할 때, 다 끌려가고. 매일 거기서 공차고 놀았었는데. 뭐 공 차러 갔다가 얼차려하고. 군인한테 잡혀 가지고. (여진구 1차, 6면)

> 내가 운동가의 삶을 살게 된 거는 음… 어쨌거나 계기는 그 전에 사회과학 책도 보고 뭐 이렇게 하긴 했지만, 87년 민주화 투쟁 그게 영향이 컸죠. (…) '운동을 해야 되겠다'라고 크게 눈을 뜬 거는 그때가 아니었는가. (문용포 2차, 24면)

군에서 87년을 맞은 문창식은 6월 항쟁을 기점으로 "세상이 완전히 바뀌어" 있었던 것으로 기억하고 있었다. 억압적 정치구조가 상대적으로 개방적으로 바뀌면서 사회운동의 지형도 급변하게 된 것이다. 환경운동도 이전의 반공해 운동, 피해보상 운동에서 전문 환경운동단체가 새롭게 조직되고, 피해자운동에 있어서도 양적 성장과 함께 피해보상뿐 아니라 피해예방 운동이 나타났다(구도완, 1996).

운동의 폭이 확장된 것이다. 민주화운동의 일환으로 진행되었던 환경운동은 민주화와 함께 그 폭이 확장되면서 일반 시민들을 대상으로 하는 '시민운동'으로 전개되어 갔다.

87년 6월 항쟁을 내가 군에서 맞이했다. 크⋯ 안타까워. 그냥 뭐 나는 속이 뒤집어지지. 내가 밖에 있어야 되는데. 군대 내부도 살벌한 게 있지만, 그때는 뭐 전부 휴가 중지되고 그랬잖아. 그것보다도 아⋯ 저 역사의 현장에 이제 내가 같이 할 수 없다는 거에 대해서⋯ 갔다 오니 완전 세상이 바뀌어져 있더구만. (문창식 1차, 9면)

우리 사회에 인제 민주화가 되면서⋯ 이제 옛날에는 이제 민주화운동의 일환으로 이런 환경운동을 하다보니까 어떤 좀⋯ 운동의 주체를 위한 운동이 되었는데 이제는 좀 민주화가 되면서 그 폭이 넓어졌지 않습니까? 그러니까 좀 더 일반적인 시민들을 위한 운동들이 필요한 거였고. (조홍섭 1차, 4면)

또한 정권교체로 인한 사회적 분위기는 방송매체 등 언론을 유연하게 변화시켰고, 환경운동의 대중화에도 영향을 미쳤다. 언론이 유연성을 갖게 되면서 대중들은 더 많은 정보를 공유하게 되었고, 정치 구조의 변화와 함께 시작된 국정감사나 오염 정보공개 등은 대중의 권리의식을 일깨웠다. 이러한 대중들의 폭발적 관심은 환경운동의 확산에도 기여했을 것으로 이해된다. 환경운동단체의 수만 하더라도 1988년에 6개, 1989년 11개, 1990년 8개, 1991년 19개, 1992년 18개에 이르는 단체들이 새로 설립된 것으로 보고되었다(구도완, 1996). 이러한 현상은 비단 환경운동에서만 나타난 현상은 아니었다. 사회운동단체는 1987년을 기점으로 급격히 증가하였다.

결과적으로 1980년대 민주화운동 과정은 환경교육운동의 주요 주체인 환경운동가들의 역량 강화와 정체성 확립을 위한 학습과정이 되었다. 동시에 대중과 정부, 언론 등 사회구성원들의 시민의식을 성장시킴으로써 장기적으로 운동영역과 지평을 확장시키는 과정이 되었다.

90년대 초반 동구권 붕괴

1987년 6월 항쟁을 계기로 대중운동의 체질 변화를 모색하던 사회 운동권들에게 사회주의의 몰락은 적지 않은 충격을 주었다. 당시 구소련연방은 1992년 1월 1일자로 공식 해체되었고, 1993년 9월 21일 인민대표회의 및 의회 강제해산, 12월 신헌법 제정, 국민투표, 의회총선을 실시하였다. 당시의 사회주의 붕괴는 일부 운동권들에게는 '충격'이었다. 이념으로서의 사회주의와 현실에서의 사회주의 간의 차이를 확인하면서, 신념이 흔들리기 시작했다. 유정길은 이를 "이상의 불투명성과 현실의 구체성" 사이에서의 혼란이라고 표현하였다.[28] 많은 운동가들이 "살 길을 찾아" 떠나거나 새로운 운동 영역을 찾아가기도 했다.

> 현실[에서] 사회주의는 당시에도 많은 문제가 있었지만, 이념으로서의 사회주의는 많은 이상주의자들이 추구하려는 한 방향이었지요. 그런데 동구권과 소련이 무너지니까 결국 자신을 지탱했던 신념이 무너지게 되다 보니, 그 상황에서 누구를 의식화시키고 설득시킬 수 있겠습니까? 더욱이 그러한 혼돈을 조직적으로 대응하지 못하고 개별적으로 분산되면서 조직적 퇴각도 준비할 생각도 하지 못했지요. 그래서 이상주의적인 이념을 갖고 운동하는 사람들의 신념이 흔들리기 시작하고, 우리가 지향해야 될 이상이 추상화되고 불투명해지자 갑자기 나이를 먹어가고 있는 자신들의 현실은 구체적으로 느끼기 시작되었습니다. 이상의 불투명성과 현실의 구체성 사이에 갈등하다가, 더 늦기 전에 살 길 찾자고 많은 사람들이 현실을 선택하고, 결정을 유보한 사람들은 대학원으로 가고, 혹은 몇몇 지명도를 확보한 사람들은 과거의 운동의 커리어를 토대로 정치로 나가기도 했지요. (유정길 1차, 2~3면)

---

28) 본 연구의 보조구술자인 유정길은 학생운동을 거쳐 교육중심의 종교환경단체에서 활동했다. 이 부분에서 유정길의 구술은 구술증언 자료로 활용되었다. 구술자에 대한 구체적인 사항은 1장의 3절 구술자 개요 부분에 기술하였다.

사회주의 붕괴의 "충격"은 운동가들에게 새로운 삶과 새로운 운동을 모색하는 데 구체적으로 영향을 미쳤다. 운동적 신념이 흔들린 경우, 운동현장을 떠나기도 했다. 문용포의 경우 운동적 신념도 있지만 그보다 개인적 삶의 지향으로 삼았던 사회 '정의'와 개인적 '양심'을 지킬 수 있는 삶을 살아야겠다는 신념이 있었기 때문에 운동을 지속할 수 있었다.

> 러시아가 1992년에 무너졌나? 탁 소련, 딱 무너지는 순간… 말마따나 혁명이네 뭐였네 했던 많은 학생출신들이 활동가들이 쭉 빠져나가 가지고 (…) 휘청거리는 사람들이 많았는데 (…) 아주 충격은 컸지만, 또 저마다 지향하는 상이 있는 거잖아요. (문용포 1차, 10면)

그토록 충격적이었던 것은 계층적 구조를 변화시켜도 문제가 해결되지 않았다는 사실 때문이기도 했다. 사회주의의 이론대로라면 공해문제가 없어야 하지만, 1986년 구소련 체르노빌 핵 발전 사고나 잇따른 체제의 붕괴는 사회를 보는 관점과 환경문제를 보는 관점에 대해서 새로운 고민을 던져주었다.

> 환경문제가 갖고 있는 계층적인 성격이 분명히 있는데 그걸로 다 설명할 수 있는 건 아니고, 그런 변화에 제일 컸던 건 제가 보기에는 사회주의권의 붕괴라고 봐요. 그 여파가 이제 미쳤던 거고. 공개적으로 그 문제에 대해서 이렇게 토론하고 그랬던 건 잘 없었던 것 같은데, 부지불식간에 그러니까 이런 거죠. 그때 당시에 우리가 갖고 있던 생각으로는 사회주의권에서는 이… 공해문제가 없어야 되거든요. 우리가 갖고 있는 논리대로라면, 차츰차츰 알려진 그 어떤 소련의 심각한 공해 실상이라든가, 또는 동구권 붕괴가 바로 환경문제 때문에 무너지는 모습, 이런 걸 통해서 우리가 굉장히 충격을 받았지요. '아… 이게 환경문제란 그렇게… 좁게 풀 수 있는 게 아니구나' 그런 게 제일 컸구요. (조홍섭 1차, 3~4면)

이를 계기로 운동의 자기성찰이 이루어졌다. 유정길은 구조를 변화시켜도 인간형이 바뀌지 않으면 안 된다는 교훈을 "뼈저리게 느꼈다"고 표현하고 있다. 이러한 자기성찰은 구조 변화를 지향하는 운동에서 사람의 변화와 대안적 삶의 방식으로 변화를 이끌어내는 운동으로 전환하는 계기를 만들기도 했다.

사회주의가 붕괴하는 것들을 보면서, (…) 공산주의를 지향한다는 사회주의 혁명을 통해 구조를 변화시켰는데도 불구하고, 그 안에 인간형은 공산적이지 않고 여전히 사적 소유가 철폐되지 않아 자본주의적 요소가 틈입하자 급속도로 허물어진 거를 보면서 우리는 뼈저리게 느꼈습니다. 시스템은 만들어졌지만, 그 시스템을 이끌어야 되는 인간형이 같이 준비되어 있지 않으면 하루아침에 붕괴된다는 교훈이었습니다. 그래서 우리가 대안적 사회를 만들기 위해서는 그 구조 변화와 더불어 그 구조를 이끌어 갈 만한 사람에 대한 변화까지도 같이 하지 않으면 안 된다고 생각했었어요…
(유정길 1차, 7면)

사회주의의 몰락은 전체 사회운동에 충격적인 사건으로 혼란과 이탈을 가져오기도 했지만, 운동의 자기성찰과 새로운 모색의 동기가 되었다. 거시적 담론에서 미시적 담론으로, 민중운동에서 시민운동으로, 반체제 운동에서 전문운동과 풀뿌리 시민운동으로, 획기적인 운동의 체질 개선에 기여한 것으로 볼 수도 있다. 어떤 면에서 운동을 통한 사회구조적 변화에 중점을 두었던 운동에서, 사람의 변화, 즉 대중, 시민, 회원 중심의 운동으로 전환하는 데 기여했다고 볼 수 있다. 이러한 현상은 환경교육운동의 형성과 전개에 있어서 중요한 의미를 갖는다.

91년 페놀오염사건

페놀오염사건을 계기로 환경운동은 최고조에 달하게 되었다. 일반인이나 학생들까지도 환경기사를 많이 접하게 될 정도로, 환경문제에 대한 대중의 인식도 급격히 확산되었다. 구술자들은 이 시점의 간접경험으로 신문기사에 대해 언급한 사례가 많았다. 때문에 이 시기 80년대 학번들의 졸업과 사회 진출 시기에 발생한 페놀오염사건은 환경문제에 관심을 갖게 하고 환경운동을 선택하게 하는 결정적 계기가 되었다. 특히 당시의 시대 상황에서 볼 때, 고도성장의 후유증, 환경문제에 대한 세계적 인식과 아울러, 사회문제에 대해 높아진 시민인식, 민주화로 인한 언론의 상대적 자유로움, 정치적 구조 변화가 맞물려 환경운동이 급격하게 확산되었다.

> 90년대 초에 신문 스크랩을 해보면 하루에 일주일이면 환경 관련한 기사가 한두 개, 세 개 이 정도 날 때쯤이에요. 왜 예전에 왜 그 온산[병] 뭐 이런 내용들이 쪼끔씩 늘어나다가 90년대에 급격하게 늘어나기 시작했거든요. 그럴 때라서 처음에 아이템은 운동을 하고 싶은데 그것 중에 하나로 환경으로 잡은 거고, 이게 사람들에게 어필할 수 있는 거다라고. (김혜애 1차, 3~4면)

그 가운데는 문창식의 경우와 같이, 직접 피해현장을 목격하면서 환경운동을 하게 된 사례도 있다. 복지운동을 준비하고 있던 그에게 페놀오염사건은 사회 소외계층에게 환경문제가 얼마나 폭력적일 수 있는가를 보여주었다. 이 때문에 환경운동을 할 수밖에 없는 책임감 혹은 사명감을 갖게 되었다.

> 그 전에 무슨 일이 있었냐 하면은 낙동강 페놀사건이 터지잖아. 91년도 3월 달에. 91년도 3월 20일인가 아마 그런데, 그거 되게 좀 충격적인 사건이었거든. 내가 참길회 통해서 가는 고아원 아동복지시설이 하나 있는데, 그 아동복지시설을 그때 페놀사건 터지고 나서 방문을 한 번 했어. 거의 일주일에 한 번씩 갔으니까. 방문을 했는데 그… 그때 페놀사건 터지고 나서 대구외곽도로는 전부 그 교통정체 현상이 막 빚었거든. 그 페놀이 섞인 수돗물을 못 먹으니까 약수 뜨러 간다고, 그런데 이 아동복지시설의 애들은 내가 들어갔는데 그 수돗물을 그냥 벌컥벌컥 마시는 거야. (문창식 1차,

대중은 페놀오염사건을 계기로 환경문제가 미치는 영향에 대해 학습하게 되었고, 다른 종류의 환경문제나 쟁점에도 민감하게 반응하게 되었다. 행정기관이나 정부도 마찬가지였다. 이들도 이 경험을 통해 환경문제에 대해 학습하게 되었다. 여진구는 이전까지 폐수가 "콸콸콸콸" 쏟아지는 사안이 단체의 민원으로 들어올 정도로 행정기관의 인식이 매우 낮은 상황이었지만, 이후 매우 빠른 시간 내에 나아졌다고 했다.

> 특히 의정부나 동두천 이쪽에 폐수나 폐기물 유출이 많으니까 뭐 거기 가서 민원…, 이게 행정기관에 민원을 제기하면 이게 해결이 안 되니까 [단체에] 쏟아지는 거야. 근데 그때는 뭐 대안이고 뭐고 없고, 그니까 정말 독성폐기물 치우러 다니고, 아주 급박하고 지금 하면 행정에서도 상상을 못하는 거죠. 어떻게 보면 우리 사회가 빨리 바뀐 거예요, 그러고 보면. 뭐 폐수가 밤에 6시 퇴근시간 탁 되면 콸콸콸콸콸 나와요. 그것도 문 쫙 열리면서 그럼 카펫으로 딱 덮어놨다가 카펫 딱 열고… 폐수가 쫙~ 6시에. (여진구 1차, 8면)

그런가하면 페놀오염사건은 기업들에게도 큰 변화를 주었다. 이 사건은 기업들이 환경문제에 신경 쓰지 않으면 사업하기 어렵다는 교훈을 주었다. 기업도 환경문제에 대응하지 않을 수 없게 되었고, 1992년 5월엔 "기업 활동이 환경 보전과 조화를 이루어가도록" 노력하겠다는 '기업인 환경선언'을 발표하기에 이른다(구도완, 1996).

> 기업이 환경에 대해서 관심을 갖고 적극적으로 나서게 된 계기가 낙동강 페놀사건으로 보아요. 그게 두산그룹의 자회사가 그랬던 거잖아요. 그 사건을 보면서 다른 기업들도 야, 이게 한 번 환경 관련한 사고가 터지면은 기업에 주는 영향이 너무나 크구나.. 그런 걸 이제 확실하게 느낀 거죠. (최석진 1차, 9면)

사실은 그 당시에 91년 페놀사건 이후에 그 사건이 미친 충격파 중의 하나는 대기업들이, 재벌 기업들이 환경문제를 굉장히 신경 써야 되겠다는 경각심을 굉장히 크게 주었어요. 두산에게만 영향을 준 게 아니라, 그래서 삼성이라든가 이런 데서 환경문제에 돈을 많이 썼습니다. 뭐 삼성전자 같은 데 공익사업의 일환으로 환경관련 펀드를 많이 했어요. 시민단체하고도 큰 대규모 뭐 한강관리 프로젝트도 하고. 그랬던 기억이 나요. 그래서 그런 90년대가 황금기에요. (조홍섭 1차, 8면)

기업의 환경문제 인식은 사회 환원과 사회적 책임사업으로 환경단체와 연계하는 형태로도 나타났다. 기업을 공공의 적으로 보던 기존의 운동적 관점을 바꿔가는 과정에서 갈등이 노출되기도 했지만, 긍정적 측면에서 본다면 운동 영역의 확장을 가져왔고, 적대적 운동 방식에서 환경교육과 같이 상대적으로 부드러운 방식의 환경운동을 형성해가는 데에 기여한 점도 있다.

■ 개인 소양

여러 사람이 공통의 경험을 하더라도 그 영향은 사람에 따라 다르게 나타난다. 때문에 누군가가 '의미 있는 삶의 경험'을 했다고 할 때, 이것이 '의미 있는' 이유는 경험이 개인에게 주어진 상황, 그리고 사회적 구조와 시대적 맥락에서 이루어지며, 여기에 이전의 생활세계에서 형성된 '개인의 소양'이 바탕이 되기 때문임을 간과해서는 안 된다.[29]

구술자들의 삶을 통해 이들이 지닌 개인적인 소양은 환경교육운동가가 되는 주요한 매개변인이 되거나 이를 유도하는 것을 확인할

---

29) '소양(素養)'의 사전적 의미는 '평소 닦아 놓은 학문이나 지식'이며, '교양'으로 순화해 사용하기도 한다.(국립국어원 표준국어대사전 홈페이지) 여기서 사용된 '소양'은 지식뿐 아니라 정서나 행동, 관심이나 태도를 포함하는 '교양'에 가까운 의미로 사용하였다.

수 있었다. 때문에 개인 소양은 환경교육운동가들의 '고유성'을 드러
내게 해주는 요소가 된다. 개인 소양은 어린 시절에서 지금까지의
생활 전반에 걸쳐 형성되고 드러난다고 볼 수 있는데, 여기서는 환
경교육운동가가 되는 데 있어 영향을 미친 개인 소양의 중요한 특질
을 찾아보고자 하였다.

어떤 개인의 소양을 파악하기 위해서는 오랜 시간 동안 관찰하거
나 깊은 이해가 필요하다. 본 연구는 개인의 기억과 구술에 한정한
것으로 그 강도나 심도는 서로 다를 수 있다. 이러한 차이가 이들의
운동에서 '다양성' 혹은 '차이'로 나타날 수도 있다. 본 연구에서는 다
양성과 차이, 공통점을 함께 찾아보는 것은 의미가 있다고 보았다.

구술기록의 분석을 통해 드러난 구술자들의 개인 소양은 [그림 1]
과 같이 크게 네 가지로 범주화할 수 있었다. 구술자들에게서는 1)
환경감수성과 2) 문화감수성 등의 정서적인 소양과 3) 교육가적 소
양, 4) 운동가적 소양 등의 관심이나 태도, 행동 차원의 소양이 나타

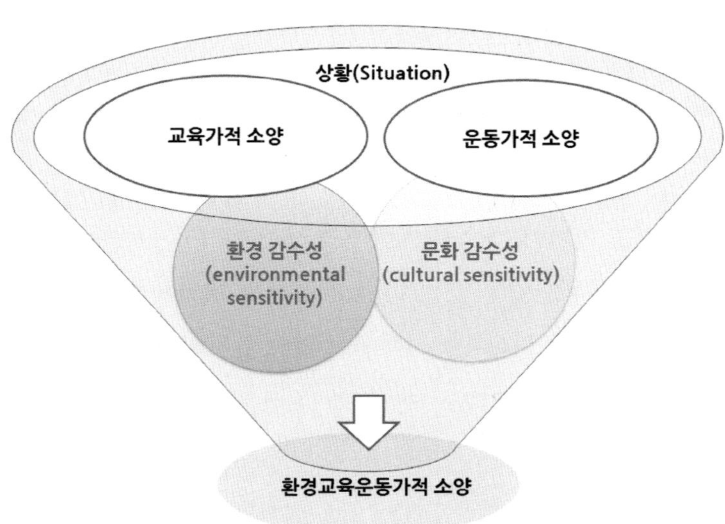

[그림 1] 환경교육운동가의 소양 형성

났다. 이것들은 구술자들의 재현된 생애 과정 속에서 두드러지게 나타나는 요소들로, 각자에게 주어진 상황에서 서로 간에 복합적으로 영향을 미치면서 형성되었다. 이 가운데 교육가적 소양, 운동가적 소양은 환경교육운동가에게 예상되는 소양으로 '의도적 발견'의 내용을 포함하였다. 또한 문화적 소양은 기존에 진행된 사회운동가에 대한 연구들에서 특별히 주목하지 않았던 부분이었다. 문화감수성이 두드러지게 나타나는 현상은 환경운동, 문화운동, 교육운동 간의 긴밀성 혹은 상호관련성으로 해석된다. 각각을 구체적으로 살펴보면 다음과 같다.

환경 감수성

구술자들의 생활세계에서 환경이나 자연에 대한 민감성, 인식과 관심, 정서적 성향들을 포함하는 '환경감수성(environmental sensitivity)'이 두드러지게 나타났다.[30] 구술자들은 1960~1970년대에 유년 시절을 보내고, 1970~1980년대 청소년기를 보냈다. 때문에 이들은 어린 시절 상대적으로 풍부한 자연경험 이후 급격한 환경변화를 경험했고, 이 때문에 환경감수성이 강화될 가능성은 긍정적으로든 부정적으로든 상대적으로 높았을 것으로 해석된다. 그러나 동시대를 경험을 한 사람들이 모두 환경감수성이 발달되거나 같은 정도의 감수성을 갖는 것은 아니며, 모두가 환경운동가가 되지도 않는다. 공통의 시대적 경험을 하더라도 선택의 과정을 거쳐 내면화된 행위로서의 '기억'으로 남아 있다는 것은 사회적 흥미나 필요를 느꼈기 때문으로 해석될 수 있다(Thompson, 1988). 이런 맥락에서 구술자들의 어린 시절 주변 환경이나 자연에 대한 기억이 생생한 현상은 환경에 대한

---

30) Peterson(1982)는 '환경감수성'은 환경을 감정 이입의 관점으로 보는 개인에게서 나타나는 정의적 특성이라 정의한 바 있다. '환경감수성'은 1970년대부터 사용되기 시작하였지만 지금까지도 다양하게 정의되어 사용되고 있다.

민감성 혹은 감수성으로 해석될 수 있다. 또한 이 경험에 대한 기억이 구체적인 경우 어린 시절의 다른 기억들까지도 구체적인 반면에, 그렇지 않은 경우 어린 시절에 대한 기억이 학창시절, 친구들이나 동아리 활동에서부터 시작되는 것으로 보아서 '관계 맺기'를 통해 인간과 인간 사이의 관계뿐 아니라 인간과 자연과의 관계를 통해서 구체화될 수 있는 것으로 이해된다. 이는 Pyle(2002)가 언급한 자연과 환경 경험이 사회적 관계를 향상시키는 소통능력에까지 긍정적인 영향을 줄 수 있다는 주장과 상통하며, 자연경험이 환경교육운동가의 개인소양에 중요한 영향을 미친 것으로 해석할 수 있다.

본 연구에서는 구술자들의 자연에 대한 생생한 기억, 주변 환경에 대한 민감성, 환경과 연관된 사건에 대한 구체적인 기억 등을 환경감수성으로 보았다. 이러한 '환경감수성'은 사회화 과정에서 잠재적 감성을 외면화하거나 개발하는 '환경감수화'의 과정으로 나타나게 되며, 환경교육운동가가 되는 과정에서 '환경'을 전면으로 배치시키는 매개요인으로 작용할 가능성이 크다고 볼 수 있다.

문화감수성

어느 집단이든 그 집단이 처한 특수한 여건이 있고 독특한 삶이 있고 문화가 있다. 문화는 모든 소통에 작동하는 원리이자 규범이 된다(조용환 외, 2006). 문화는 집단 내부적으로는 보편성을 가지지만, 집단 외부적으로는 특수성을 가진다.

연구에 참여한 구술자들의 경우 문화다양성, 공간, 문학에 대한 관심 등 문화에 민감한 문화감수성(cultural sensitivity) 혹은 문화적 소양이 두드러지게 나타났다. 이들의 문화감수성은 성장과정에서 생활공간이나 사람, 문학, 사회문제에 대한 관심으로 연결되기도 하고 환경이나 자연에 대한 감수성으로 연결되고 있었다. 운동참여과정에서는 운동을 기획하고, 운동영역을 유연하게 보거나 운동영역을 확장시켜가는 데 영향을 미치고 있었다. 어떤 측면에서 보면, 환경이 문화의 일부분이 되기도 하고, 혹은 문화가 환경의 일부분이 될 수 있기 때문에, 환경에 민감한 사람들이 문화에 민감한 것은 당연한 현상이기도 하다. 그렇다 하더라도 교육을 하는 환경교육운동가들에게서 '문화감수성'이 잘 드러나는 이유는 이것이 교육가적 소양에 영향을 미치고 있기 때문으로 이해된다.

교육은 다양한 문화를 풍부하게 다룸으로써 새로운 문화를 창조할 수 있게 해주며, 특히 환경교육은 다양한 지혜의 문화적 해석을 존중해야 한다고 강조되기도 한다(Hart, 2003; 조용환 외, 2006). 환경교육운동가들에게서 나타나는 문화감수성은 총체적 안목과 다양성, 연계성, 창조 가능성 등과 같은 교육운동가들이 갖추어야 할 개인 소양의 원천이 될 수 있다. 이런 점에서 환경교육운동가들이 문화적 감수성 혹은 문화적 소양을 개발하는 일은 환경교육운동을 더 풍성하게 할 수 있는 방법으로 간주될 수 있겠다.

교육가적 소양

정체성을 변화시키거나 형성하게 하는 요소나 원인들은 선천적으로 혹은 자연스럽게 형성되기도 하지만 의도적으로 형성되기도 한다. 교육가적 소양은 환경교육운동가의 정체성을 갖게 하는 원인이자 결과이기도 하다. 본 연구에서는 환경교육운동가의 의도적 혹은 비의도적으로 형성된 교육가적 소양을 찾아보았다.

교육가적 소양은 환경교사로서 혹은 사회 환경교육가로서의 환경교육운동가들이 자신들의 역할을 잘 수행하는 데 필요한 것이다. 교육가적 소양을 자질이나 전문성의 측면에서 본다면, 이전의 논의들이 도움이 될 수 있다. 환경교육에서 교육가와 관련한 이전의 논의들은 주로 환경교사에 관한 것이었다. 연구자들은 환경교사가 갖추어야 할 전문적 자질로 철학, 교육학에 대한 이해, 환경교육 내용 지식과 교수법, 교육심리학, 등의 전문지식과 함께 인간성, 의식과 책임감, 환경감수성, 가치와 태도, 생태적 지식, 사회문화적 지식, 환경쟁점에 대한 지식, 환경행동, 열정 등을 꼽았다(최돈형 외, 2007b; 이성희·최돈형, 2007; Hart, 2003). 이 가운데 Hart(2003)는 환경교사의 의식과 책임감을 강조하면서, 현실세계와 연결시켜주는 매개자로서의 교사의 역할을 강조하였다.

전통적인 교육 혹은 제도권 교육에서 정규과정을 마친 사람들은 '교사'라는 이름을 갖게 되지만, 환경교육운동가의 경우는 다르다. 비제도권 교육에서 다양한 전공과 경험을 가진 사회 환경교육가 혹은 환경교육운동가로 활동하는 제도권의 교사와는 다른 역할과 전문성을 요구받는다. 다양한 사회 환경교육가의 역할 가운데 환경교육운동가들에게 강조되는 것은 기획, 운영, 조직이며, 이를 통합적으로 구현할 수 있는 '코디네이터'의 역할이다. 이들은 교육 외적인 요소들, 예컨대 사람, 장소, 교육내용, 프로그램 등을 구성하고 조직하는 데 중점을 두는 기획자, 운영자로서의 역할뿐 아니라, 교육내용을 구성하고 조직하는 역할, 학교와 사회 환경교육 혹은 타 영역과의 통합하는 역할도 요구받는다.

종합적으로 볼 때, 환경교육운동가들에게 필요한 교육가적 소양은 생태적, 사회문화적, 환경쟁점 등에 대한 관심과 함께 인간성, 사회적 의식과 책임감, 환경감수성, 신념과 열정 등 정서적인 부분, 그리고 환경행동, 가치와 태도, 배려와 친화력, 통합적 사고, 창의성 등을 들 수 있다. 결국 앞서 살펴본 환경감수성, 문화감수성의 요소들이 교육가적 소양과도 상통하는 것이다.

한편 구술자들에게서 나타나는 교육가적 소양들은 교사, 교육에 대한 관심, 사회문화에 대한 관심, 환경감수성, 생태감수성, 교육적 삶의 지향, 사랑, 배려, 덕과 정의, 양심, 열정, 친화력, 조직력, 통합적 사고 등이었다(〈표 4〉 참조). 교육가적 소양은 개개인의 생활세계에서 평생에 걸쳐 만들어진다. 구술자들 가운데는 어릴 적부터 가정환경이나 교사 경험, 교육경험, 혹은 개인적 성향으로 문학이나 인문학에 대한 관심을 갖게 되어 자연스럽게 교육가적 소양을 형성하기도 하고, 동아리나 사회봉사활동을 하면서 인간성이나 배려, 사회적 의식과 책임감 등을 형성하기도 했다. 또한 사회적 관심이나 문화적 소양이 환경운동의 과정에서 영향을 미치기도 하였고, 교육활동의 경험을 통해 교육가적 소양을 형성해가기도 했다.

운동가적 소양

환경교육운동가들에게는 교육가적 소양과 함께, 운동가적 소양이 필요하다. 구술자들에게서 드러나는 운동가적 소양은 기본적으로 사회문제에 대한 관심에서 출발한다. 이는 교육가적 소양과 마찬가지로 동아리 활동이나 봉사 활동 등을 통해 형성되고 있었다. 여기에 외부의 충격적인 사건이나 사회 부정의적 측면이 부각되는 경험을 하게 되었을 때, 사회문제에 대한 인식의 변화를 겪고, 변화를 위한 운동에 참여하게 되고, 운동참여과정에서 학습, 문화, 인적관계속에서 운동가적 소양이 형성되었다.

사회단체활동가에 관한 연구들을 토대로 운동가적 소양을 종합해 보면, 인간성, 도덕성, 헌신성, 전문성, 창의력, 판단력, 조직력, 실무능력, 진보적 사고, 신념, 전망, 개방성, 가치지향성, 이타성, 적극성, 자기성찰 등으로 볼 수 있다(최병두·배종진, 1999; 신명호·이근행, 2000). 구술자들에게서는 조직력, 도덕성, 신념, 전망, 열정, 배려, 전망, 적극성, 가치지향성, 자기성찰 등이 두드러지게 나타났다.

지금까지 살펴본 구술자들에게서 드러나는 개인적 소양의 구체적
인 모습들은 다음 〈표 4〉와 같다.

〈표 4〉 구술자들에게서 나타나는 개인소양

	환경 감수성	문화 감수성	교육가적 소양	운동가적 소양
여진구	- 강가마을과 자연 놀이의 기억 - 주변 환경과 장소에 민감 - 생태중심 사고	- 문화 콘텐츠에 관심 - 공간에 대한 관심	- 교육에 대한 관심 - 목회활동 - 열정적 - 사회문화 관심	- 사회문제 관심 - 지역사회 관심 - 열정적
문창식	- 초가집과 산골마을 기억 - 주변 환경에 민감 - 환경사건에 민감 - 마을 중심 운동	- 다문화 관심, 다문화 교육활동 - 공간에 대한 관심	- 교육적 삶의 지향 - 사랑, 배려를 중시 여김 - 실천 지향적	- 실천 지향적 - 지역사회 관심 - 자기성찰
김혜애	- 반핵 및 평화 문제에 관심 - 생태 지향적	- 학창시절 책읽기에 빠짐 - 문학에 관심	- 배움에 대한 열의 - 사회관심 - 친화력	- 사회문제 관심 - 조직력 - 자기성찰
문용포	- 제주 공간에 대한 자부심 - 자연으로의 여행을 즐김 - 주변 환경과 장소에 민감 - 마을 중심 운동	- 학창시절 인문과학에 심취, 신문 탐독 - 여행에 관심 - 글쓰기 관심	- 교사관 - 아이들을 좋아함 - 덕, 양심, 정의에 대한 신념	- 양심과 정의에 대한 신념 - 실천지향 - 자기성찰
차수철	- 어린 시절의 자연체험 기억 - 주변 환경 및 공간에 민감 - 생태 감수성 - 지역기반 운동	- 글쓰기와 사색을 좋아함 - 지역사회 문화와 역사에 대한 관심 - 환경음악회, 풀꽃도서관 설립 활동	- 교사되기의 꿈 - 민중을 위한 교육철학 - 친화력, 조직력 통찰적 사고	- 민중을 위한 종교관 - 실천 지향적 - 지역, 사회 관심 - 사회성 개발을 위한 자기 노력 - 자기성찰

2. 어떤 상황에서?

- 환경교육운동가 되기는 어떤 상황 속에서 일어나는가?

자연과 만나 교감하고, 글 읽기 쓰기를 통해 사유를 하며, 교육이

나 교사 경험을 하거나, 종교 활동이나 학생운동에 참여하는 것들은 어쩌면 너무나 평범한 일이기도 하다. 그렇지만 주요 구술자들에게 특질이 생성된 것은 동시대를 살아온 사람들이 시대경험을 자신들의 삶에 의미화해가는 과정에서 앞뒤 맥락과 경험, 관심과 소양 등이 복합적으로 관여했기 때문이다. 물론 어떤 사건들이 일어났다고 해서 모두 비슷한 수준으로 영향을 받지는 않는다. 따라서 사건이 일어난 시점, 전후의 정치적 상황, 국제적 이슈, 개인에게 놓인 사회적, 공간적 상황 등 다양한 변수에 따라 개인이나 조직이 기억하고 의미화 하는 양상은 충분히 달라질 수 있다. 각자에게 주어진 생활세계의 맥락에서 특정 개인적 경험이나 시대적 경험을 하게 되었을 때, 어떤 변화가 일어나는 것인지 구조와 맥락, 내면화 과정을 보다 촘촘히 들여다 볼 필요가 있다.

여기서는 '되기'의 과정을 사회구조적 차원, 즉 수평적 접근에서의 분석을 시도하였다. 구술자들의 '환경운동가 되기'는 '환경교육운동가 되기'의 선행과정으로, 원인이자 과정이 되었다. 이 과정을 순차적으로 살펴보았는데, 먼저 '되기' 현상과 관련된 소 상황-(매개 상황)-대 상황 분석을 진행하였다. 다음으로 운동참여과정의 상호작용과 심리적 과정을 분석하였다. 운동참여과정에서 어떤 변화가 어떻게 변화가 일어나는지, 심리적 과정의 내면화가 어떻게 일어나는지를 살펴보았다.

■ 환경운동가 되기

소 상황

본 연구에 참여한 주요 구술자들은 '환경운동가 되기'의 과정을 거쳐 환경교육운동가가 되었다. 환경교육운동가 되기 과정의 사회구조적 맥락을 이해하기 위해, '환경운동가 되기'를 '소 상황'으로 보고, 소 상황을 둘러싼 '대 상황'과 이들을 이어주는 '매개 상황'을 분석하였다.

구술자들의 '환경운동가 되기'는 정의로운 사회를 만들기 위한 사회변혁이라는 시대적 가치를 실현하겠다는 자신의 신념, 사회적 의무감과 사명감의 토대 위에서 진행되었다. 이들은 처음부터 "환경운동을 하겠다"는 의지에서 출발하기보다는, "운동이니까"(차수철), "대중적인 운동 영역이니까"(김혜애), "우리 지역에서 환경피해 혹은 문제가 일어났기 때문에"(문창식, 문용포), "운동선배가 권해서"(문창식, 문용포, 차수철) 환경운동가가 되었다. 이와 같은 다양한 동기들은 대 상황과 매개 상황을 만나 '되기'로 구체화되었다. 다음 [그림 2]는 '환경운동가 되기'라는 소 상황을 둘러싼 대 상황과 매개 상황을 나타낸 것이다. 상황 분석에는 운동가 이외에도 동시대를 경험한 언론, 학자들의 구술증언 자료도 참조하였다.

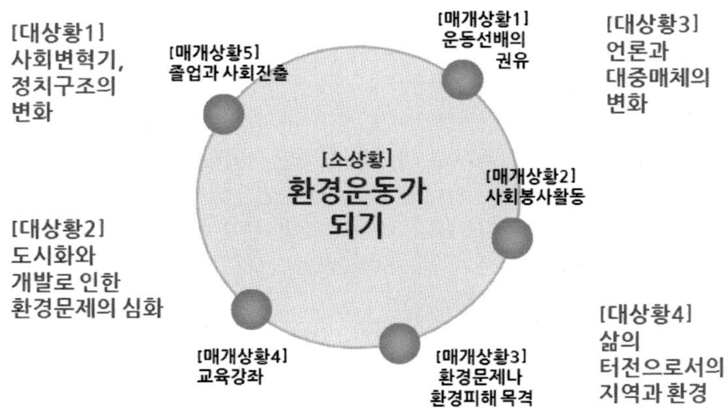

[그림 2] '환경운동가 되기' 과정의 상황 구조

대 상황

'환경운동가 되기'를 소 상황으로 볼 때, 이에 관여하는 대 상황을 살펴보면 다음과 같다. 구술자들의 '환경운동가 되기'는 80년대 후반에서 90년대 중반까지 한국사회의 몇 가지 역동적인 시대 상황의 변화 속에서 진행되었다.

첫째는 사회변혁기, 정치구조의 변화와 운동지형의 변화이다. 80년대 치열했던 민주화운동과 87년 민주화 항쟁은 한국사회의 지형을 바꾸어 놓았다. 권위적 정부가 시대적으로 민주적, 열린 정부로 바뀌면서 국정감사가 시작되거나 전국 오염도가 공개되었고, 대중들의 권리의식은 환경민원 등으로 발현되기 시작했다. 그 과정에서 주류 환경운동은 회원, 안정된 제도적 기반, 재정 등이 확립되는 등 '제도화된' 운동을 지향하는 시민운동으로 성장하게 되었다(구도완, 2007). 시민운동의 성장은 시민들의 권리의식의 표현으로 이어졌고, 그 가운데 그간 축적된 환경문제는 중요한 이슈가 되었다.

> 정부의 정책이 좀 권위적인, 권위주의적인 데서 민주적인 데로 탈바꿈하는 고비가 됩니다. 그래서 국정감사도 그해 시작되고, 환경 공해 오염도가 지역별로 공개되기 시작한 것도 1988년도부터에요, 정부가. (…) 88년부터 국정감사를 하고 하면서, 88, 89, 90년 이께가[때쯤] 되면은 전국적으로 환경관련 집단 민원이 아주 폭발합니다. 쓰레기매립장이니 뭐 해서 그 모든 사람들의 억눌렸던 그 권리의식 같은 게 폭발하는데, 그 중의 상당 부분이 환경문제와 관련된 혐오시설문제라든가 뭐 이런 것들과 관련된 것들이 폭발을 합니다. 쫘악. (조홍섭 1차, 6면)

한편 이러한 정치구조의 변화와 함께 나타난 주요한 현상 중의 하나는 사회운동이 폭발적으로 확산되면서 전문 운동인력에 대한 수요가 급증했다는 점이다. 운동권 수요가 급증하면서는 잘 학습된 '운동권 학생'은 사회운동단체에 꼭 필요한 존재였고, 운동가를 양성해낼 수 있는 강좌들이 생겨났다.

> **80년대 말이 말하자면, 환경운동의 개화기거든요. (…) 그러면서 운동가를 배출해야 될 필요가 나온 거예요. 그 운동가가 그전에는 학생 운동권에서 주로 공급이 되었단 말이에요. (…) 일선 활동가들을 양성하기 위한 프로그램이 필요했고, 환경과공해연구회가 제일 먼저 생긴 단체 중에 하나니까 거기서 그런 환경과공해연구회 강좌를 열었던 거죠. (조홍섭 1차, 4면)**

둘째는 도시화와 개발로 인한 환경문제의 심화이다. 80년대에는 굵직한 국내외 환경사건들이 일어났다. 1979년 쓰리마일 섬의 핵발전소 원자로 주변 방사능 누출사건, 1982년 온산공단 괴질병 발생, 1984년 인도보팔사건, 1985년 오존층 홀 확인, 1986년 체르노빌 핵발전소 원자로 폭발, 1988년 연탄공장 진폐증 환자발생, 온도계 공장 근로자 수은중독 사망, 1989년 엑손 발데즈 유조선의 알래스카 기름 유출 사건, 1989년 수돗물 중금속 오염 파동, 1991년 낙동강 페놀오염 사건까지 굵직한 환경사건 등이 있었다. 70년대부터 급속도로 이루어진 산업화와 도시화로 인한 과도한 개발은 80년대 들어서면서 환경오염과 환경문제로 드러나게 되었고, 이농현상과 같은 부작용을 낳기도 했던 것이다. 성장과정에서 이를 고스란히 목격할 수 있었던 이들은 자연스럽게 환경문제가 개인의 생활세계까지 중요하게 부각되고, 더욱이 어린 시절 환경에 대한 긍정적 경험을 하며 자란 경우 상대적 충격은 더 클 수밖에 없다.

> 우리나라가 이제 80년대 말을 거치면서 고도성장이 아주 피크에 이르잖아요? 고도성장이 피크에 이르면서, 어떤 대량소비, 이 대량생산과 대량소비, 현대 자본주의 사회가 전형적으로 보이는 어떤 자동차 공해문제나 뭐 이런 것 또, 대도시 환경문제나 쓰레기문제나 그 식수문제나 이런 것들이 엄청나게 심각해진 거예요. 거기에 대고 노동자, 농민 얘기를 할 상황은 아니었죠, 사실상. 그런

것들이 복합되면서 환경운동으로 재편이 되었다고 봐요. (조홍섭
1차, 4면)

90년대 초반은 우리나라 환경운동이 가장 최고조로 올라가는 그 단
곕니다. (…) 그 결정적인 고비는 91년도 페놀사건이었어요. 그 페놀
사건이 환경문제에 대한 저변을 굉장히 넓혔고… (조홍섭 1차, 5면)

셋째는 언론과 대중매체의 변화이다. 87년 민주화항쟁 이후, 변
화된 정치구조 하에서 상대적으로 자유로워진 언론매체는 당시 심
화되는 환경문제나 사회구조의 부조리 등을 대중에게 알렸다. 서정
우(1990)에 따르면, 1987년 이후 언론의 변화는 언론정책의 변화와
함께, 양적, 질적 변화가 두드러지게 나타났다. 그는 1987년 노태우
대통령은 소위 '6.29선언'에서 "정부는 언론을 장악할 수도 없고, 장
악하려고 시도해서도 안 된다"라는 정부의 대언론 정책기조를 천명
했고, 그 결과 언론의 급격한 양적 증가와 함께, 신문의 자유경쟁제
도 도입, 주재기자제도 부활, 정부발행 보도증제도 폐지, 한겨레 창
간, 지방신문 활성화, 언론전문화의 가속화, 언론노동조합의 대두
등의 질적 변화가 일어났다고 밝히고 있다. 이러한 언론의 변화로
사회적으로 환경문제가 활발하게 공유하게 되면서, 소위 운동권들
이 아니더라도 일반 시민들의 환경의식도 성장하기 시작했다. 구도
완(1999)은 1982년부터 1997년 사이의 환경의식 변화 경향을 비교
연구하였는데, 그 결과 1990년대에는 환경주의 가치가 경제중심 가
치를 대치되면서 경제적 풍요, 사회복지, 문화적 풍요를 누림과 동
시에 쾌적한 환경에 대한 새로운 욕구가 중시되는 것으로 밝히고 있
다. 이러한 시민들의 환경의식 성장은 환경운동의 지지 세력이 증가
와 상호작용하면서 환경단체를 비롯한 사회운동단체의 양적 급성장
으로 이어진 것으로 해석된다.

공해, 이런 건 이제 반정부 운동이라는 인식이 이제 있었는데 87
년 6월 민주화운동 이후에는 많이 달라졌습니다. 많이 달라져가지
고, 이제 노태우 정부죠. 노태우 정부 때는 방송을 통해서 많이 했
어요. 그 당시에는 심야토론도 환경문제를 많이 다뤘고, 또 일반
방송매체를 통해서 하고, 특히 인제 핵 문제, 핵의 안전문제, 그래
서 그때 인제 그 뭡니까… 안면도 핵폐기장 반대운동 뭐 이런 거
가 다 노태우 정부 때입니다. (최열 1차, 1면)

네 번째는 삶의 터전으로서의 지역과 환경이다. 권영락(2005)은
장소에 대한 인간의 정서적 감정을 의미하는 '장소감(sense of
place)'과 생태적 자아에 대해 이야기한 바 있다. 그는 장소가 가지
는 의미는 위치로서의 장소, 현장으로서의 장소 이외에도, 장소와
인간의 경험이 상호작용하여 주관적 감정으로 형성되는 장소감이
개인과 집단의 정체성 형성에 중요하게 작용한다는 것이다. 일상적
경험이 시작되는 삶의 터전인 자연적, 사회적 환경은 중요한 영향을
미칠 수 있기 때문이다. 구술자들 가운데는 이농이나 환경오염 사고
로 인한 피해를 목격하는 등 삶의 터전인 지역 환경 자체가 정체성
에 영향을 미치고 있었다.

매개 상황

대 상황과 소 상황을 연결시켜주는 '매개 상황'은 다음과 같다.

첫째는 운동 선배의 권유이다. '운동권 학생'이라는 정체감을 공
유했던 선배들은 운동가 되기에 중요한 매개가 되었다. 문창식은 졸
업 후 다니던 직장을 정리하고 사회복지운동을 준비하다가, 지역에
서 일어난 페놀오염사건 대책위와 공추협에 참여하던 선배의 요청
과 설득으로 환경운동가가 되었다. 김혜애는 언론고시와 대학원 진
학을 준비하고 있었지만, 역시 운동권 선배의 권유로 만난 선배운동
가와 환경운동을 본격적으로 구상하게 되었다. 차수철은 결혼과 이

주 후에 운동방향을 찾던 와중에 운동권 선배의 소개로 환경운동 선배를 만나면서 환경단체에서 활동을 시작했다. 문용포 역시 노동운동 선배의 권유로 공석이 된 사회환경단체에 몸을 담게 되었다. 신명호·이근행(2000)는 사회운동단체 활동가들의 운동참여 경로를 조사한 결과, 주위사람이나 기존 활동가의 권유로 참여하게 된 경우가 전체의 64%를 차지하는 것으로 나타났다고 밝혔다. 90년대 후반 전문 환경단체를 중심으로 "공채"가 시작되기도 했지만, 초기 환경운동단체들은 운동권 인맥이 중요한 역할을 했던 것으로 볼 수 있다.

> 92년도에는 사실은 내가 인제 환경운동… 쪽은 하려는 마음이 많이 없었고, 복지운동을 내가 하고 있었거든. (…) 이 선배가 6개월을 나를 따라 다녔어. 창식아, 이거 해야 된다. 하하하. 그래가 6개월 동안 막 도망 다니다가… 그분은 저… 치과의사거든. 건치활동도 하고 극단 활동도 하고 그런 걸 하면서 이제 페놀사건 때 만났거든. (…) 이분이 그때 그… 오전에만 진료하고, 오후에는 사무실 나가서 일보고 그랬거든. 되게 열정적으로. 그래 그런 사람이 막 그러는데 더 이상 외면하기가 좀 힘들데. 그래가 '그러면 선배, 내가 딱 5년만 하겠다. 공추협. 5년 뒤에는 내가 딴 일 한다.' '아, 그래. 뭐 그래 하자.' 이러대. (문창식 1차, 13면)

두 번째는 사회봉사활동이다. 구술자들은 사회봉사 활동을 통해 사회에 관심을 갖게 되고, 운동가가 되는 직접적인 계기를 만들기도 했다. 학생운동에서 형성된 신념과 가치는 졸업을 하고 운동단체에서 활동하지 않더라도 사회봉사활동으로 이어지고 있었다. 여진구의 경우 목회활동으로 지역에 들어가 봉사활동을 하는 동안 지역의 환경문제에 대해 체감했고, 이 때문에 환경단체를 찾게 되었다. 문창식의 경우 사회복지시설에 자원봉사활동으로 참여했다가 환경피해를 목격했고, 사회구조적 문제를 인식하게 되면서 환경운동가가 되었다. 그는 페놀사건이 터지고 나서 다른 사람들은 물을 뜨러 먼

곳으로 갔지만, 복지시설의 아이들은 오염된 물을 그대로 마시는 모습을 보고 충격을 받았고, 이를 계기로 직장을 정리하고 운동에 뛰어들었다.

제가 환경을 잘 아는 이유 중에 또 하나는 뭐냐면, 그래서 저는 지역조사나 이런 거에 대해서 호기심이 많은데, 실제로 그때 1년 동안 연습을 했어요. 리아까[리어카]를 직접 끌고 친구 아버지 고물상 가서 물건을 사는 법, 가격, 이런 걸 다 실제하고. 그걸 통해서 고물상 공동체를 만들어서 그 수익금을 가지고 나누려고… (여진구 2차, 24면)

세 번째는 환경문제나 피해를 직접 목격하는 사건이다. 사회변화를 위한 가치를 실현할 수 있는 방법으로 자원봉사를 택했던 이들에게 문제를 목격하게 되는 사건은 그들의 문제의식과 행동을 '강화'시켜 환경운동가가 되는 직접적 계기가 되기도 한다. 여진구는 지역봉사 활동과정에서 지역 곳곳의 폐기물 문제나 폐수 오염문제를 접하면서, 문창식은 페놀오염사건의 사회구조적 피해 현장을 목격하면서, 문용포는 오름이라는 지역의 소중한 자연이 송전탑, 골프장, 도로 건설 등으로 훼손되는 것을 보게 되면서 환경운동에 참여하게 되었다.

그 책[오름나그네] 보면서 이틀이 멀다 하고 이제 오름을 다녔죠. (…) 이제 오름을 좋아했지 (…) 제주 오름들이 뭐 골프장에 의해서나 아니면 도로 건설이나 여러 가지 이유로 송전탑이 만들어지는 것 이렇게 하면서 경관 아니면 환경훼손 그런 것들이 있는데, (문용포 1차, 16면)

네 번째는 졸업과 사회 진출의 시기이다. '운동권 학생'으로 투신했던 이들은 졸업으로 새로운 운동의 장으로 가거나 운동현장을 이탈하여 취직을 해야 하는 선택 상황에 놓이게 되었다. 그 상황에서 이들의 결정이 운동가 되기의 중요한 매개가 되었다고 할 수 있다. 이들은 방황기를 거치지만 결국 '운동'을 할 수 있는 현장으로 시민 운동을 선택하였다. 당시의 사회운동가들에게 사회운동은 직업의 선택이라기보다 학생운동의 연장이었다(윤상철, 2005). 이들은 꼭 환경운동이 아니더라도 운동가의 삶을 지향으로 선택하고 있었다. 졸업과 사회 진출의 시기에 문용포는 운동가로서의 삶을 살아야겠다는 자신의 신념과 지향이 강했기 때문에 운동을 선택했다. 차수철, 김혜애, 문창식은 졸업 후 언론 일을 준비하거나 취직을 하기도 했지만 결국 '운동'을 할 수 있는 일을 택했다.

> 그 당시에는 어떤 운동이든지 간에 '운동' 자(字)를 붙이고 활동하는 활동가들이 거의 없었어요. 6기 전대협이 거의 많을 때는 100명 가까이 중앙 상층부에 있었다고 할 수 있는데 그 중에서 어디든 간에 농민운동이든 노동운동이든 학생운동이든 환경운동이든 인권운동이든 통일운동이든 간에 '운동' 자(字)를 가지고 활동하는 사람이 다섯 손가락 이내였을 거야, 아마. 나름대로 어려운 조건 임에도 불구하고 나는 여전히 운동하고 있다는 자위도 있었고 (차수철 1차, 8면)

마지막으로 교육 강좌를 들 수 있다. 당시 사회문제나 환경문제를 알리기 위해 시작된 계몽적 성격의 시민교육강좌는 사회문제에 관심 있는 직장인, 대학생 등을 중심으로 진행되었다. 시민교육강좌를 통해 환경문제에 대해 깊이 알게 된 사람들은 후속모임을 조직하여 자원활동가나 전업 환경운동가가 되었다. 당시 사회운동이 폭발적으로 증가하면서 전문 환경운동가가 필요했고, 시민교육강좌는 운동가를 양성하는 역할을 했다. 여진구의 경우 공추련의 '배움마당'이 목회자에서 전업운동가가 된 직접적 계기가 되었고, 정병준의 경우, 불교환경교육원의 '생명학교'가 사업가에서 운동가로 변신하게 한 직접적 계기가 되었다. 위의 프로그램들은 80년대 후반에서 90년대

초반에 진행된 대표적인 시민강좌 프로그램들로 현재 시민사회단체
의 대표적인 활동가들을 대거 양성해냈다.

■ 환경교육운동가 되기

소 상황

환경운동가 가운데에는 운동참여과정에서 교육활동을 경험하고,
개인소양이 바탕이 되고, 시대적 배경이 만났을 때, '환경운동가의
환경교육운동가 되기'를 경험하게 되는 사람들이 있다. 이 과정은
어떤 사람에게는 어릴 시절부터 꿈꿨던 교사라는 꿈의 실현이기도
하고(문용포, 차수철), 어떤 사람에게는 운동 방식에 대한 성찰의 결
과이기도 하고(문창식, 김혜애, 문용포), 어떤 사람에게는 자기 운동
의 구현(여진구, 문창식, 차수철)이기도 했다.

여기서는 환경교육운동가 되기를 사회구조적 맥락에서 이해하기
위해, '환경운동가의 환경교육운동가 되기'라는 소 상황을 둘러싼 대
상황, 그리고 소 상황과 대 상황을 이어주는 매개 상황을 분석해 보
았다. 다음 [그림 3]은 구술자들의 '환경교육운동가 되기'라는 소 상
황을 둘러싼 대 상황과 매개 상황을 나타낸 것이다. 상황 분석에서
는 운동가 이외에도 동시대를 경험한 언론, 학자들의 구술증언 자료
를 참조하였다.

대 상황

환경운동가의 '환경교육운동가 되기'를 소 상황으로 볼 때, 이에
관여하는 대 상황을 살펴보면 다음과 같다. 앞서 살펴본 구술자들의
'환경운동가 되기'가 80년대 후반에서 90년대 중반까지의 시대적 상
황에서 진행되었다면, '환경교육운동가 되기'는 90년대 중반에서

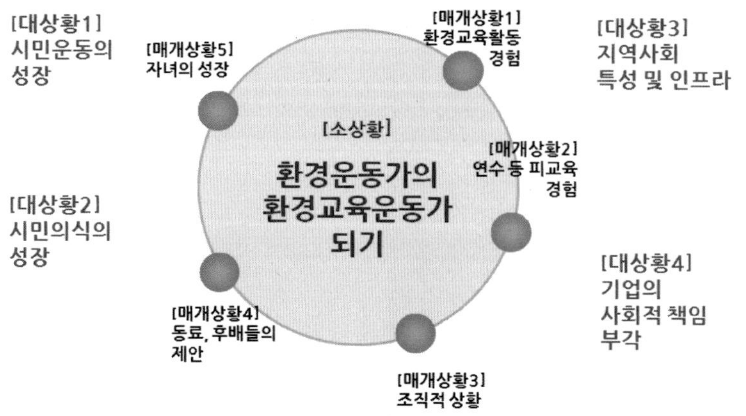

[그림 3] '환경교육운동가 되기' 과정의 상황 구조

2000년대에 걸쳐 진행되었다. 대 상황을 몇 가지로 나누어 살펴보면 아래와 같다.

첫째는 시민운동의 성장이다. 이 시기 시민의식의 성장과 함께 시민운동의 질적, 양적 성장이 이루어졌다. 한국민간단체총람에 따르면, 1987년 6월 민주화 항쟁을 기점으로 급속도로 성장한 시민사회는 특히 1996년 3,900여개 단체에서 2006년에는 23,017개로 증가한 것으로 나타났다(시민의신문, 2006).[31] 이 시기 전문 환경운동 조직은 전국적 규모로 확장되고 있었다. 시민사회의 담론은 민중담론에서 시민담론으로, 체제개혁적 운동에서 생활세계개혁적 운동과 대안생활 세계운동으로 무게중심이 이동하였고, 거대했던 운동은 다양화되고 세분화되기 시작했다. 이러한 사회운동의 흐름과 함께 환경교육운동도 그 특질을 획득해가기 시작했다. 이전까지 환경운동에서 환경교육은 계몽과 의식화를 위한 환경운동의 하나로 진행되었다면, 1990년 중반부터는 사회문화적 측면이 강화된 체험형 환

---

31) 이후 NGO의 활동영역은 현재에 이르러, 정치·경제·환경·여성·인권·주민자치·평화·소비자·법·교육·청소년·언론·빈곤과 외채·빈민·주거·교통 등에 이르기까지 사회 전 영역에 걸쳐 매우 다양하게 전개되고 있다(최영수, 2009).

경교육과 영성이나 생태적 가치를 중심으로 한 교육중심의 환경운동이 본격화되기 시작했다. 즉, 체제개혁적 운동에서는 주창형 방식이 중심이 되었다면, 생활세계개혁적 운동이나 대안생활 세계운동에서는 교육이 중요한 운동방식이 될 수 있었으며, 운동의 다양화는 내용뿐 아니라 방식에서도 나타났다.

> 옛날에는 민주화운동의 일환으로 이런 환경운동을 하다보니까 어떤 좀… 운동의 주체를 위한 운동이 되었는데, 이제는 좀 민주화가 되면서 그 폭이 넓어졌지 않습니까? 그러니까 좀 더 일반적인 시민들을 위한 운동들이 필요한 거였고. (조홍섭 1차, 4면)

둘째로 시민의식의 성장이다. 80~90년대 한국 사회는 민주화 운동, 정권교체와 참여정부를 거치면서 시민운동이 성장했고, 운동의 저변이 확대되면서, 속도의 차이는 있었지만 시민의식도 성장해왔다. 대중은 참여할 수 있는 운동에 관심을 가지게 되었고, 회원의 폭도 넓고 다양해졌다. 시민의, 시민에 의한, 시민을 위한 운동만이 살아남을 수 있게 되었다. 교육운동은 적극적 시민참여와 회원조직의 핵심적 전략으로 강조되기 시작했다. 김성수(1996)는 1980년대와 1990년대의 환경의식과 환경운동에 대한 연구결과, 80년대에는 빈번해진 공해사건으로 환경보호의 필요성을 인식하게 되면서도 경제성장의 당위성을 넘어서진 못했지만, 1990년대 들어서면서, 특히 중반에 접어들면서는 전체 국민의 환경의식이 더욱 심화되었다고 보고하고 있다. 그는 1990년대 환경운동의 활성화는 환경의식의 심화에서 예고되었다고 언급하였다. 이러한 시대적 배경으로 운동가들은 시민들의 적극적 참여를 이끌어내기 위해서 교육활동을 고민하게 한 것이다.

그 당시[90년대 초반]에 단체들이 가진 고민이 그거였던 거 같아
요. 그니까 회원 확대와 아울러서 어떻게 회원들을 단체 활동에
좀 적극적으로 참여할 수 있게 만들고, 좀 주체로 나설 수 있을,
있게 할 것인가 하면서 고민했던 게 녹색연합이나, 환경단체 같은
경우에 다양한 소모임을 많이 만들어내기 시작했죠. 그니까 직접
정치전선에 이 사람들 뛰어들게 하는 건 굉장히 부담스러운 일이
었기 때문에 환경 관련해서 그들의 관심 영역에 맞는 예를 들면
산타기 모임이라든지, 아니면 야생동물을 사랑하는 사람들의 모임
이라든지, 주부들 모임 이렇게 만들어서 실제 조금 더 적극적으로
그 운동영역에 나설 수 있게 노력하는 이러한 부분들이 있으면서,
그것과 이제 아울러서 병행된 게 사실은 교육이었던 거 같아요.
(김혜애 2차, 1~2면)

셋째는 운동 현장으로서의 지역적 특성이다. '환경운동가 되기'의
과정에서는 '삶의 터전으로서의' 지역과 환경이 영향을 미쳤다면,
'환경교육운동가 되기'의 과정에서 지역은 '운동 현장으로서의' 의미
를 갖는다. 환경문제에 대한 인식이 확산되고 세분화되면서 환경 쟁
점이나 현안에 민감해진 대중들은 환경문제를 이미 자신들의 문제
로 인식하기 시작했다. 때문에 환경운동은 지역을 이해하고, 지역의
상황과 그곳의 대중에 맞는 운동이 필요해졌다. 지역적 특성을 이해
하고 지역에 맞는 운동을 고민해야 했다. 차수철의 경우 천안이라는
지역적 특성을 파악하고 운동 전략을 기획하는 과정에서, 도시개발
문제 이외의 특별한 환경이슈가 없는 지역적 특성상 도시가 개발되
고 인구가 증가하면 '교육'이 중요하겠다는 판단을 했다. 이 때문에
교육, 생태도시, 문화를 지역운동의 3대 전략으로 삼았다. 문용포는
제주의 소중한 지역 자원인 오름이 개발되는 것을 막기 위해서 사람
들에게 자연의 아름다움과 소중함을 알려야겠다고 생각했다. 그러
면서 아이부터 어른까지 참여할 수 있는 생태체험교육 활동에 무게
를 두기 시작했다.

천안조직 만들면서 생각을 많이 했어요. 천안이 일단 지역의 수구 도시인데 내려와서 뭘 할 거냐. (…) 천안이 커지려고 뭔가 꿈틀대는 시기였어요. 개발이 되는 아주 초창기죠. 천안이 충남의 수구도시고 교통 발달지고 커질 거 같다. 그런데 뭐 이제 환경이슈가 특별히 없어. 갯벌이 있어 발전소가 있어 대규모 오염 산업단지가 있어 화학공장이 있어 뭐가 있어. 그래서 민원이 들어와도 조그마한 것들이지. 그래서 이제 천안은 도시문제가 중요하겠구나. 그 다음에 여전히 교육문제에 관심을 가져야겠다. 할 수 있는 게 그게 아니냐. 사람들은 계속 늘어날 거니까. (차수철 1차, 9면)

어린이오름학교라는 건 왜 하게 됐는가, 그냥 단지 교육 그 자체로 시작한 건 아닌 게, 그때 1998년, 99년 이쯤에 제주 지역의 동부지역, 오름이 쭉 밀집되어 있는 아주 아름다운 오름 지역 군락을 통과하는 송전탑, 송전선로를 쭉 하게 됐는데 그걸 반대하는 운동을 하게 됐고, (…) 아… 사람들한테 왜 오름이 소중한지 오름이 중요하다는 거는 사람들도 오름을 봐 봐야 되니까. 그리고 거기에 실제 가보면서 아 이게 얼마나 소중한지 알아야 되겠[구나], 되게 중요하구나. 그게 또 아이들한테도 아 미래 세대한테도 필요한 거고, 그러면서 어린이오름학교를 이제 하게 된 거죠. (문용포 1차, 20면)

넷째는 기업의 사회적 책임이 요구된 점을 들 수 있다. 1990년대의 급격한 변화는 비단 환경운동이나 시민사회 영역에서만 나타난 것이 아니다. 기업, 언론, 정부도 환경문제에 대한 관심이 높아졌다. 기업 차원에서 환경산업과 환경기술개발 등을 통한 녹색경영의 도입이 본격화되었고, 국가정책에서도 환경예방책의 제도화로 환경영향평가제, 환경개선비용부담금제 등이 시행되기 시작했다(조명래, 2001). 국제적으로도 기업의 사회적 책임과 기업윤리가 강조되면서 기업들이 지속가능성 보고서를 펴내고 사회공헌활동을 하기 시작했다.[32] 이처럼 이 시기 국민들의 환경의식 성장과 함께 기업의 환경

---

32) 이선경 등(2010)에 따르면, 1993년부터 지속가능성 보고서를 발간하는 기업들이 전 세계적으로 급증하여, 2009년 Fortune지가 선정한 상위 250개 기업 중에서 77%가, 2010년 현재 우리나라 82개의 기업이 지속가능성 보고서를 발간하고 있는 것으로 보고되고 있다.

의식도 높아지고 사회적 책임이 부각된 것은 시민사회와 기업과의 관계변화에도 영향을 미쳤다. 환경운동의 회원참여 확대, 대중화 전략, 그리고 재정안정화의 필요와 맞물리면서, 기업과 NGO 간의 관계가 대립관계에서 부분적 협력관계로 획기적인 전환을 이루었다. 특히 단체들의 기업협력사업은 기업의 홍보 전략과 운동의 대중화라는 이중적 목표에 맞는 기획 사업의 형태로 많이 이루어졌다. 그 과정에서 당시 확산되고 있던 답사나 기행 형태의 체험형 환경교육은 기업과 단체 모두가 선호하는 사업방식이었다. 기업협력사업은 운동전반에서는 논쟁도 많았고 운동력의 약화라는 지적으로 이어지기도 했지만, 긍정적 측면에서는 환경운동의 외연확장과 재정확보와 함께, 환경교육운동의 양적 확산과 대중 참여확대에 기여했다고 평가할 수 있다.

> '재정적인 안정화가 필요하다' 라는 생각을 할 때, 기업 쪽하고 눈을 돌려서 일을 하자라고 제안을 했던 게 저고, (…) 근데 내부에 상당히 진통도 있었죠. 그런 문제들에 대해서 설득하기 시작하면서 그걸 한 건데, 그러면서 성공적으로 잘했죠. S사와의 프로그램은 거의 6년 정도 진행을 했고, H사와는 8년까지 진행을 해 오고 있으니까. 그러면서 외부 기업에 대한 문제라든지 다른 협력 사업들 어떻게 될 것인가 라고 고민이 있다가 그렇게 이제 교육 사업을 하게 된 거예요. (김혜애 1차, 5~6면)

매개 상황

대 상황과 '환경운동가의 환경교육운동가 되기'라는 소 상황을 연결시켜주는 '매개 상황'은 다음과 같다.

첫째, 환경교육활동의 경험이다. 환경운동가들은 다양한 방식의 환경운동을 경험하게 된다. 그 과정에서 '직접 교육 활동을 경험함으로써' 교육적 운동방식에 대해 긍정적인 생각을 갖게 되어 환경교육운동가 되기의 동기가 만들어지기도 했다. 문용포의 경우 교육활동경험을 하면서 교육에 대한 인식도 바뀌게 되었고, 여러 운동방식 가운데 교육운동이 '내가 잘할 수 있는' 운동이라고 생각하게 되었다. 김혜애의 경우 비판하고 싸워야 하는 운동의 피로감과 대조되는 '긍정적 방식의 운동으로' 교육운동을 선택하게 되었고, 문창식의 경우는 구조적 변화보다 '근본적 해결방법으로' 교육운동을 선택하게 되었다.

> 피켓팅이나 그 공중운동을 했던, 보도 자료를 내고, 애드보커시 운동을 하고 하는 영역에서, 이제는 정말 그… 일반 시민들이 그 인터넷 공간에서의 촛불이 일반 시민들을 다 끌고 나왔듯이, 그런 식의 어떤 대중적인 기반이나 대중의 언어로 얘기해야 되는 부분들에 대한 훈련이 굉장히 많이 필요하게 된 거죠. (…) 소셜 미디어라든지, 아니면 이제 교육이라든지, 이런 방식의 뭔가 운동의 변화들이 이미 나타나고 있다고 생각을 해요. (김혜애 2차, 2~3면)

둘째, 연수 등의 피교육 경험이다. 여기서 교육은 내용적인 전달보다도 성찰의 기회를 제공하는 차원에서 더 큰 의미를 갖게 된다. 운동가의 삶은 바쁘다. 구술자들은 뒤돌아 볼 여유 없이 달려오다가 쉼과 성찰의 시간이 주어졌을 때, 자신의 운동과 삶을 돌아보며 다음 운동의 방향을 고민하게 되었다. 이들은 보다 근본적인 방식, 혹은 이전과 다른 운동방식을 고민하는 과정에서 교육운동을 택하고 있었다. 문창식은 6개월의 장기연수 동안 자신의 삶과 운동을 돌아보는 계기가 되었다. 그는 사명감, 책임감에서 시작한 운동이 보람되긴 했지만 행복하지는 않았다는 생각을 했고, 근본적인 접근의 운동 방식으로 교육, 공동체, 지역 현장으로부터의 조직운동이 필요하겠다는 생각을 하게 된다. 김혜애도 장기연수를 통해 교육활동을 중요성을 인식하게 되었다.

내가 필리핀 생활 좀 돌아보면, 하여튼 나 자신을 정확하게 볼 수 있는 기회였는 게, 훨씬 더 나를 바꾸게 한건데, (…) 내가 보람된 일을 했다 이거지만 정말 개인 문창식은 행복했던가… (…) 그래서 아, 내가 행복한 일을 해야 되겠다, 이제는… 그렇고 내가 만나는 또 같이 살고 있는 가족이라든지, 주위에 있는 사람들이 나를 통해 좀 행복할 수 있도록, 또 나도 행복하고, 그런 변화를 그 계기를 준 게 필리핀이었다고 나는… 그래서 내 되게 많이 배웠다고 느꼈다니까요. (문창식 1차, 18~19면)

셋째, 조직적 상황이다. 환경운동단체의 출발시기가 비슷하기 때문에, 초기부터 운동을 시작한 활동가들은 어느덧 10~20년 이상 연차의 최고참 운동가가 되어 있었다. 비슷한 시기에 운동을 시작한 선배 그룹의 인력 정체가 생기면서, 새로운 운동 영역을 개척해 후배들에게 자리를 비켜줘야 한다는 인식을 하는 선배운동가들이 많았다. 이 시기에 구술자들은 운동참여과정을 통해 자기 운동을 구현할 수 있는 영역을 구체화해가는 선택을 하고 있었다. 문창식, 김혜애, 문용포의 경우 이러한 조직적 상황이 새로운 운동으로 도약하는 계기가 되었다.

내가 사무처장할 때 그 전국적으로 같은 현상인데, 인사 적체현상이 있었어. 대부분 그때 지역의 사무처장들이 10년 막 그래. 그래가 이게 쇄신해야 된다… 뭐 그래 가지고, 자리를 그 실무, 실무 책임 부분은 좀 벗어나서 해보자 뭐 이랬는데, 운영위원장을 하면서 또 상근을 하니까 똑같은 거야. 그러다가 또 대표하는데도 상근하고 그러잖아. 아, 나는 그게 이 해결방법이 아니구나. 선배들이 해야 될 일이 여러 가지가 있는데, 그 중에 하나가 이제 후배들한테는 길을 터주면서 선배가 새로운 운동영역을 만들어서 또 후배들한테 좀 길도 열어주고, 그게 바람직하겠다는 생각을 되게 많이 했지. (문창식 1차, 14면)

후임 사무처장 얘기를 하는데 두 사람이 나란히 거론이 될 수밖에 없죠. ○○씨랑 나랑 같은 연차니까 (…) 한편으로는 좀 비켜주고 싶다는 생각이 있었구요. (…) 또 한편으로는 내가 15년 운동을 한

선밴데, 뭔가 영역을 외연을 확장해야 된다는 생각도 있었어요.
(김혜애 1차, 5~6면)

넷째, 동료나 후배들의 요구나 제안이다. 일반적인 운동단체들은 이슈나 현안이 생기면 운동 역량을 모두 집중해야 하기 때문에, 교육 담당자라고 하더라도 교육운동에만 집중하기가 어려운 경우가 많다. 교육운동의 중요성을 인식하고 있는 후배나 동료들은 독자적인 교육운동 영역을 보장해주기를 요구하기도 했다. 김혜애의 경우 이와 같은 후배들의 제안과 요구가 전문 환경교육운동을 시작하는 데 중요한 역할을 했다.

내부에 그런 고민들을 가진 친구들이 많았어요. 교육이 뭐 우리는 어린이 자연학교 포함해서 녹색연합 안에 몇 개의 교육 사업들이 있었는데, 젊은 친구 그룹들 중에서 녹색연합이 운동영역도 중요하지만 교육영역을 보장해 줄 필요가 있다는 문제제기를 하면서 이렇게 막 저항하던 친구들이 좀 있었어요. 그러니까 일반 운동 사업에 비해서 좀 이쪽 분야가 잘 지원이 안 되니까 (…) 그걸 [조직이] 효과적으로 수렴을 해내질 못했죠. 늘 사안에 치여서, 그러다가 그 친구들 좌절을 하고 이런 과정들도 다 있었고… (김혜애 1차, 5~6면)

마지막으로 자녀들의 성장이다. 대학을 졸업하고 운동가가 된 이들은 운동을 하는 동안 자녀들이 성장해가는 과정을 겪었다. 그러면서 자녀들의 교육문제가 자기 문제가 되었고, 이 때문에 교육에 대해 관심이 높아진 경우가 적지 않았다. 문창식의 경우 제도권 교육에 대한 문제의식이 있었고, 자녀들은 대안학교에 진학하게 되었다. 자녀들의 성장과 변화를 지켜보면서, 그는 삶에서 교육과 운동을 실천해야겠다는 생각이 확고해졌고, 이 때문에 교육운동을 통해 운동적 지향을 구현해보고자 결심할 수 있었다. 차수철의 경우 자녀의 학교에서 운영위원장으로 활동하면서, 공교육 내에서 교육을 변화시키는 교육운동에 주도적으로 참여하게 되었다. 그는 이를 통해 교육운동의 가능성과 구체적인 성과를 경험했고, 이 경험이 교육운동에 집중할 수 있는 계기가 되었다.

딸 하고 아들 영향도 커. 애들이 대안학교 다니면서 계속 인제 그… 질문을 던지거든. 자기들 생활을 통해서 자기들은 이렇게 대안적인 삶을 찾기 위해서 노력을 하는데 '당신은 뭐 하십니까'라는… (…) 자기가 쭉 여행 다녔던 그거를 발표를 쭉 하는데, (…) 그 발표를 하면서 이 친구[딸] 눈에 비친 세상, 세계에 대한 자기 인식들을 이야기하는데, 그게 다 내한테는 질문으로 오는 거야. 자기가 그런 사회를 봤고, 세계를 봤는데, '아빠는 지금 뭐하고 있고, 어떻게 살고 있느냐' 막 그런. (…) 우리 딸이 제일 좋아해. 내가 이거 하는 거에 대해서. 제일 격려도 많이 해주고. (문창식 1차, 25면)

하루 종일 놀다가 집에 들어오면 흙먼지 풀풀 날리면서 들어오자마자 쓰러져 자니까. 그런 아이들의 모습, 이런 걸 보고 학부모들은 행복해 하는 거죠. (차수철 3차, 27면)

지금까지 '환경운동가 되기', 그리고 '환경운동가의 환경교육운동가 되기' 과정에서 나타나는 소 상황-(매개 상황)-대 상황의 유기적 관계를 살펴보았다. 앞서 언급한 상황 외에도 여기에 제시하지 않은 많은 상황들이 '되기'의 과정에 관여할 수 있으며, 이들 매개 상황과 대 상황은 하나의 소 상황에만 관여하는 것이 아니라 다른 소 상황에 동시에 관여할 수 있다.

구술자들의 경우, 민주화운동이 활발히 전개되던 시절에 학생운동을 경험했고, 환경위기 인식과 대중 운동으로의 전환 등의 시대적 변화에 따라 시민운동가로, 환경운동가로, 환경교육운동가로 성장하였다. 이들의 '되기'의 과정에서 '대 상황'은 동시대적 상황에서 적지 않은 운동권 학생들이 운동가 되기를 선택하는 배경이 되었다는 점에서 '일반성'에 속하지만, '매개 상황'은 억압적 사회분위기에서 많은 사람들이 가지 않은 길, 이념을 실천으로 만들어가는 운동가로 성장하는 데 영향을 미쳤다는 점에서 '특수성'에 속한다고 볼 수 있다. 이처럼 '환경운동가의 환경교육운동가 되기'는 어느 시대 혹은 사회적 상황에 놓이느냐에 따라 각각의 일반성과 특수성을 갖는다. 여러 개의 매개 상황이 함께 일어날 때, 구술자들은 보다 높은 수준의 정체성 변화, 즉 강화나 결정적 전환의 경험을 하고 있었다.

이러한 이해를 바탕으로, 현재의 환경교육운동가에게 놓인 대 상황을 살펴보고 이를 매개할 수 있는 상황을 고민한다면, 미래의 환경교육운동가를 양성하고 환경교육운동의 역할을 이해하는 데 시사점을 얻을 수 있다.

■ 운동 참여과정: 상호작용과 내면화

구술자들은 공통적으로 10~20년의 환경운동의 참여과정을 거쳐 환경교육운동가가 된 사람들이다. 이들에게는 '운동 참여과정'에서 일어나는 어떤 변화가 정체성 변화와 형성에 보다 직접적이고 중요한 영향요인이 되었을 것으로 짐작할 수 있다. 어떤 개인의 정체성이 운동참여를 이끌어내기도 하지만, 동시에 운동 참여과정이 다시 개인의 정체성 변화에 중요한 요인이 되기도 한다(Turner, 1969; Kiecolt, 2000). 따라서 사회운동의 정체성 변화를 이해하는 데 있어 '운동 참여과정'을 분석하는 것은 중요한 의미를 갖는다.

운동 참여과정은 환경교육운동가의 정체성을 형성하는 데 어떻게 영향을 미쳤을까? 이를 분석하는 데는 Kiecolt(2000)의 '사회운동 자아개념 변화모델'을 참조하였다. 그는 '운동 참여과정의 상호작용'과 심리적 과정의 '내면화'를 강조했다. 운동 참여과정의 상호작용에는 '이야기', '텍스트', '관례(rituals)' 등의 내부적 상호작용과 '외부자나 적대자들과의 상호작용'같은 외부적 상호작용을 주요 영향요인으로 보았고, 심리적 과정의 내면화는 '선택적 구성'과 '인지적 충돌 감소화'로 일어난다고 보았다. 여기서는 Kiecolt (2000)가 제시한 요인들을 중심으로 구술자들의 운동 참여과정을 살펴보았다.

상호작용

운동 참여과정에서의 상호작용은 크게 내부적, 외부적 상호작용으로 나누어 볼 수 있다.

내부적 상호작용

운동의 내부적 상호작용에서 정체성 변화에 영향을 미치는 주요 요인으로 Kiecolt(2000)는 이야기, 텍스트, 관례를 들었다. 운동참여과정에서 내부 구성원들과 주고받는 이야기나 텍스트, 집단 고유의 문화와 같은 관례를 경험하는 과정에서 개인의 정체성이 변할 수 있다는 것이다. '이야기'는 자신이 이야기를 하는 동안 자신의 경험을 스스로 조직하게 하고, 타인의 이야기를 듣는 동안 자신의 경험을 해석하게 하며, '텍스트'는 조직의 정보를 공유하거나 자신의 경험을 설명하기도 하고 집합적 정체성을 재확인하게 하기도 하고, '관례'는 자신들만의 어떤 의례를 통해 집합적 정체성을 확인하고 그 집단의 목표나 가치를 확인하면서 자신의 정체성을 재조정하게 된다(Kiecolt, 2000). 이 요인들은 주로 조직이나 집단 내부에서 일어나며, 대부분 복합적으로 일어난다.

이러한 운동 참여과정에서의 내부적 상호작용은 소위 '운동권 문화'로 이해된다. '환경운동가 되기'에 영향을 준 학생운동 혹은 민주화운동 참여과정에서 의미 있는 경험으로 드러났던 기존 운동의 방식과 문화가 이후에도 강하게 남아 영향을 미치는 것이다. 차수철의 경우 "폐포에 남을 정도"의 학생운동 경험은 시대가 바뀌고 새로운 이념과 가치가 생겨나도 쉽게 바뀌지 않는다고 하였다. 문용포는 이 시기 평생을 운동하는 삶을 살겠다는 신념을 갖게 되었다고 하였다. 앞서 구술자들의 글 읽기와 쓰기 경험에서 살펴본 바와 같이, '텍스트'는 환경교육운동가들의 이전의 생활세계에서 개인적 소양으로, 사회문제와 운동에 대한 관심을 갖게 하는 매개로, 운동과정에서 신념과 통찰적 가치관의 획득, 역량강화, 운동 확대재생산의 성과로도 나타나고 있었다.

우리가 여름방학 때면, 도서관에 앉아가지고, 한 달 반 정도 만에 책을 한 200권 정도씩 읽기든. 그리니끼 그때 독서량이 이미이마 했지. 토론하고, 읽고 토론하고 읽고 토론하고… (차수철 4차, 9면)

시대에 맞는 새로운 또 이념과 가치들이 이제 출현을 하는데, 우리가 옛날 사람들이 보릿고개 넘기면서 그걸 못 잊잖아요. 그 습성들도 안 바뀌잖아. 그만큼 생사를 오락가락하면서 겪었던 폐포에 남을 정도의 고통과 또는 그 즐거움을 가졌던 시대가 평생을 따라 가듯이… (차수철 4차, 5면)

이처럼 정체성 변화 및 형성의 주요요인이 된 운동권 학습과정은 이후 전문운동 참여과정에서 운동의 중요한 방식, '관례'로 이어지면서 회원이나 운동참여자를 조직하고 운동을 재생산하는 데 전수되었다. 운동참여과정에서 구술자들은 회원들과 만나고, 교육을 하고, 교육을 받는 과정에서, 혹은 자기가 속한 단체의 운동내용을 전달하는 과정에서, 자기 스스로도 운동의 신념과 가치를 재조정하고 있었다. 김혜애는 초기 환경운동 조직과정에서 매일 저녁 회원들을 만나 학습하는 운동권 방식의 활동으로 회원들을 조직화해 갔다고 했다. 그녀는 이전까지 환경문제에 특별한 관심이 있었던 것은 아니지만, 당시 주요 이슈였던 반핵문제와 평화를 주제로 학습하면서, 환경을 운동의 주요 과제로 인식하게 되었다. 여진구의 경우 배움마당을 통해 조직된 후속모임이 전업 운동가로서의 정체성 형성에 중요한 역할을 했다.

> 사람들을 주섬주섬 모아서 남의 사무실에 이제 더부살이 하면서 주로 학습을 했죠. 처음에 학습을 하고 이렇게 처음 창립 준비 모임 창립한 게 백 명의 회원을 모아서 91년 6월 달에 창립을 했어요. (…) 활동회원이 40명 정도 됐었어요, 매일 매일 나와서 저녁 때 활동한 회원이. 그래서 이제 소모임을 만들어서 뭐 평화모임 환경모임 그담에 풍물 모임 이런 식으로 만들어서 맨날 저녁에 다 직장인들이었으니까 3~40대 직장인들이 대부분이었거든요. 회원들이 저녁 때 와서 공부하고 뭐 두드리고 이러면서 조직화하기 시작한… 아주 옛날 방식으로 한 거죠. 운동권 방식으로… (김혜애 1차, 3~4면)

이처럼 운동가 되기 과정에서 동료나 선후배들과의 학습, 적극적 회원 조직과정에서의 이야기와 텍스트, 그리고 학습문화로서의 관례는 이들의 정체성 형성에 관여하였다. 한편으로는 이처럼 견고한 문화가 새로운 가치와 이념들을 받아들이는 데에 장애요인이 되기도 했다. 이에 대해서는 이후 '심리적 과정'에서 다루었다.

외부적 상호작용

외부와의 새로운 관계 형성은 운동의 특질 변화를 가져올 수 있다. 구술자들은 초기 환경운동에서는 전통적 운동방식인 선동과 주입식 학습문화의 '관례'가 지속되었지만 점차 참여형, 체험형, 캠페인형 등의 다양한 운동방식을 접하게 된다. 특히 대중적 운동방식으로서 교육운동이 점차 강조되면서, 교육활동의 방식이나 범위, 역할도 넓어지고 유연화, 다양화되었다. 즉, 교육운동 참여과정에서 '외부자와의 상호작용'의 기회가 더욱 많아진 것이다.

운동 참여과정에서 가장 많이 만나게 되는 외부자는 일반 대중이다. 이들과의 상호작용 측면을 보면, 단체에서 사용하는 '이야기'나 '텍스트'가 어떻게 달라졌는지 확인할 수 있다. 단체가 일반대중과 만나는 가장 중요한 통로 가운데 하나는 교육프로그램이다. 목회자의 길을 가던 여진구가 전업 환경운동가가 되는 데 영향을 미쳤던 배움마당은 이후 시민강좌로 바뀌게 되는데, 실질적으로 일반 시민들과 적극적인 만남을 주선하게 되는 프로그램 홍보 내용을 비교해 보면, 교육활동에 있어서 '이야기'와 '텍스트'가 어떻게 바뀌었는지 변화를 확인할 수 있다. 배움마당의 경우에는 주제어로 '공해', '진폐증', '산업재해', '미나마타', '핵과 생존' 등에서 볼 수 있듯이 피해자 중심의 환경운동과 관련된 주제들이 많았고, 용어에서도 '파멸과 생존', '삶과 죽음' 등으로 강한 어휘가 많았다. 그런데 시민운동단체로 출범하면서 시작한 시민환경학교는 배움마당과 프로그램에 있어서 크게 다르지 않았지만, 프로그램명에서부터 '시민' 참여를 표방하고 있다. 강의 주제에 있어서는 도입 프로그램으로 한국 사회와 환경운동을 안내하는 주제를 배치하였고, 리우회의의 영향으로 보이는 국제이해 프로그램이 포함된 것이 눈길을 끈다. 특히 주제를 표현하는 방식에 있어서 배움마당의 '공해'나 '재해', '파멸', '해방' 등의 용어가 '오염', '변화', '과제' 등의 용어로 순화된 현상을 발견할 수 있다. 또한 '시민환경대학 주최'라는 문구에서 시민교육에 대한 조직적 전망도 드러난다.

<제7기 배움마당>[33]
일시 : 1990년 매주 화·금요일 저녁 7시 30분부터 시작
프로그램 개요:
4월 24일 개강식, '공해, 어떻게 볼 것인가'(최열)

---

33) 신동호, 2007 재구성

4월 27일 '수질, 대기오염과 인간생활'(장원), 상봉동 진폐증 사건
           의 주인공 박길래 씨의 사례발표
5월 1일 '농촌 현실과 농약공해'(김영원) 및 사례 발표(김영식)
5월 4일 '산업재해와 직업병'(양길승)
5월 8일 '환경정책의 문제점과 개선방안'(권숙표)
5월 11일 '공해의 정치경제학'(최재현)
5월 15일 '한반도의 핵과 민족의 생존'(조성우) 및 '파멸이냐 생
           존이냐'(슬라이드 상영)
5월 18일 '핵발전소는 지금?'(김원식) 및 '반핵발전소1'(비디오 상
           영)
5월 22일 '공해, 핵으로부터의 해방을 위해'(안병옥)
5월 26~27일 토·일 숙박, '죽음의 문화, 삶의 문화'(임진택) 강연
           과 '미나마타의 교훈' 비디오 상영
                              주최 : 공해추방운동연합

<제14기 시민환경학교>34)
개요 : 환경일반 총론과 현장학습, 소재별 학습, 숙박교육이 함께
        진행되는 초보적인 환경교육의 장
일시 : 1993년 10월 4일~11월 11일, 매주 월·목 7~9시
주제(강사) : 90년대 한국사회와 환경운동(최열)
            삼라만상의 모든 생물은 우리의 형제이다(이경재)
            수도권 대기오염 현황과 문제점(장영기)
            지역사업 사례발표회(여진구)
            현장답사, 21세기 한국이 가야 할 에너지 정책(이항규)
            한국폐기물 문제 이렇게 풀어라(장원)
            환경운동의 국제동향(권헌열)
            시민운동에 의한 환경정책의 변화(신창현)
            또 다른 환경-산업노동자의 건강(양길승)
            지구환경위기 극복을 위한 우리의 과제(곽일천), 수료식
                          주최 : 환경운동연합 시민환경대학

　　문용포의 경우 교육 참여자와의 상호작용이 정체성 변화에 영향
을 끼친 요인으로 나타났다. 그는 오름 보존활동이 계기가 되어 교
육활동을 시작했다. 어른들과 오를 때는 느끼지 못했던 것을 아이들
과 오르는 동안 그들의 눈높이에서 나눈 대화를 통해 스스로 교육에

---

34) 월간 환경운동, 1993년 9월호(111쪽) 참조.

대해 다시 생각하게 되었고, 교사나 교육에 대한 인식 범위도 넓어
지면서 어릴 적 가지고 있던 교사의 꿈을 구체화하는 계기가 되었
다. 이외에도 문창식은 청소년답사 프로그램에 참여했던 청소년들
과 대화하고 그들이 변화해 가는 과정을 통해서, 김혜애와 차수철
역시 외부자(자신이 속한 단체 구성원 이외의 사람)와 만나 소통하
는 교육활동 참여과정에서 그들과 함께 자신의 가치나 철학도 영향
을 받게 되었다.

> 어른들을 데리고 오름에 다니면서는 다 오름에 올라가서 이제 환
> 경적인 거, 역사 문화적인 것… 할 얘기가 많은 거지. 근데 아이들
> 하고 다니면서 달라진 게 아이들은 안 올라가는 거야. 계속 밑에
> 서 뭘 물어봐. 그래서 내가 깨달은 건 내가 올라가서 할 얘기보다
> 이미 밑에서부터 아이들이 보고 느끼는 것이 훨씬 많은 걸 알고…
> 내가 '아, 그랬구나!'… (문용포 1차, 19면)

이상에서 보듯이, 초기 환경운동에서는 '내부적 상호작용'이 중요
한 영향을 미쳤다면, 시민환경운동이 본격적으로 전개되면서부터는
일반 대중들의 참여로 교육활동의 '외부적 상호작용'이 중요한 역할
을 하게 되었다. 즉, 더 다양한 사람들이 참여하는 교육활동이 적극
적으로 이루어지면서 '외부적 상호작용'이 활발하게 일어났으며, 환
경운동의 정체성과 특질이 변화된 형태의 환경교육운동이 나름의
특질이 형성하는 데 영향을 미치고 있었다. 특히 이러한 외부적 상
호작용에 직접적으로 영향을 받게 되는 교육활동중심의 환경운동가
들은 그 영향을 더 많이 받을 수밖에 없고, 따라서 운동가로서의 정
체성 변화가 더 잘 이루어졌을 것으로 예상할 수 있다. 더욱이 성격
이 전혀 다른 외부와의 상호작용이 일어났을 경우, 변화의 수준이
더 크게 진행될 수 있다. 이런 점에서 초기 환경운동의 주적으로 여
겨지기도 했었던 기업, 정부와의 협력관계 형성은 정체성이나 특질

변화에 크게 영향을 미쳤을 것으로 예측할 수 있다. 실제로 기업협력 관계를 형성해가는 과정에서 환경단체는 큰 진통을 겪고 있었고, 그 과정에서 운동가들의 새로운 인식과 가치가 기존의 가치와 충돌하는 상황이 왔고 긍정적이든 부정적이든 특질 변화를 경험하고 있었다. 차수철의 경우, 환경운동참여과정에서 기업협력사업으로 대중을 상대로 한 활동을 진행하였고, 이러한 경험은 이후에 그가 지역운동에서 중요한 운동 전략으로 삼은 '교육' 및 '문화' 운동을 부각 혹은 강화시키는데 영향을 미쳤다. 김혜애의 경우, 조직운동의 재정에 대한 고민을 하면서 기업 협력에 대해 새로운 인식과 관계를 형성하게 되었고, 그 과정에서 동료들과 선배들을 설득해야 했다. 이후에도 협력 사업을 진행하는 동안 내부 동료나 후배들과의 상호작용, 참여자들과의 상호작용과 함께, 기업과의 상호작용을 거치면서, 운동방식에 대한 고민을 구체화하게 되었다. 그녀는 본인과 조직의 운동에 대한 성찰과정을 통해, 정체성 변화를 겪게 되었다. 이러한 과정에서 '교육'이 부각되었고, 결국 교육운동을 선택하게 되었다.

심리적 과정 : 내면화

같은 상황에 직면하더라도 개개인이 내면화하지 못할 경우, 의미 있는 변화로 연결되지 않는다. 구술자들은 운동참여과정에서의 변화의 영향요인들을 어떻게 내면화하게 되는 것일까?

환경운동가들이 내외부적 상호작용을 통해 '교육'이 환경운동에서 부각, 강화되는 시점은 주로 선택적 상황 혹은 인지적 갈등상황 속에서 일어나는 것을 발견할 수 있었다. Kiecolt(2000)는 이를 사회운동 자아개념 변화의 심리적 과정으로 '선택적 구성'과 '인지적 충돌의 감소화'로 설명하고 있다. 그가 제시한 '선택적 구성'은 운동가들은 운동의 참여과정에서 개인의 행위를 자아의 특정한 부분에 맞춤으로써 한 부분을 강조하는 과정으로 정체성 변화가 진행된다는 것이다. 또한 '인지적 충돌의 감소화'는 자신의 행동과 자아개념이 일치하지 않는다거나 기존의 가치 혹은 새로운 인식과 일치하지 않을 때, 이를 조정하여 충돌을 감소시키는 방향으로 정체성의 변화나 새로운 정체성을 형성하게 된다는 것이다. 본 연구의 구술자들의 운동참여과정 분석결과, 이 둘은 별도로 진행되는 것이 아니라 순차적으로 나타나고 있었다. 즉, 어떤 인지적 충돌 상황에서 운동가들은 개인과 운동에 대한 성찰과정을 거쳐 선택하고 집중해가는 '선택적 구성'을 통해 '인지적 충돌을 감소'시키는 방향으로 정체성을 변화시켜가고 있었다.

구술자들에게서 나타나는 대표적인 인지적 충돌 상황은 1) 기존 방식에 대한 회의와 새로운 인식, 2) 개인과 운동가로서의 가치 충돌, 3) 이념과 실천 사이의 괴리감 등이었으며, 각각을 살펴보면 다음과 같다.

기존 방식과 새로운 인식 사이

구술자들의 경우 운동가 되기 과정에서 특히 민주화운동 및 학생운동의 경험이 환경운동가로서의 신념과 가치관 형성에 중요한 영향을 미치고 있었다. 시대경험을 공유한 운동가들의 강한 연대감은 운동의 형성과 확산 시기에 집중력을 발휘할 수 있었지만, 운동이 진화해가는 과정에서는 관성으로 작용하여 새로운 인식이나 시도를 방해하거나 비판적 입장을 취하게 하는 등의 다소 폐쇄적인 경향으로 나타나기도 했다. 김혜애는 기존 운동의 관성이 환경운동 초기에 자신을 괴롭힌 부분이 있었고, 환경교육운동을 시작하는 과정에서는 환경운동의 관성이 방해가 되었다고 하였다. 그녀는 "괴롭다"거나 "가로 막고 있다"는 표현을 했고, 이를 벗어나기 위해 "애를 쓰고 있다"고 표현했다. 그녀는 기존의 운동방식과 새로운 인식, 그리고 이것들을 조정하는 과정에서 자신의 정체성과 특질의 변화를 '의도적으로' 경험하고 있었다.

> 학생운동을 하다가 환경운동으로 딱 접어들었을 때, 한 2~3년 동안 나를 되게 괴롭혔던 것 중에 하나가 내가 학생운동의 관성이나 환상에서 벗어나지 못한 거예요. 이미 대중 운동으로 넘어왔는데 계속 나는 어떤 조직화 운동이나 기존에 그 운동적인 관점에서 벗어나지 못하니까 그게 나를 굉장히 가로막았었거든요. (…) 지금은 내가 환경운동, 시민운동이라는 관점이 그 관성이 지금 내가 교육을 하는 걸 많이 가로막고 있어요. 그래서 그걸 벗어나려고 지금 애를 굉장히 많이 쓰고 있는 과정인데 아직 이렇다 하게 결론을 내리진 못했어요. (김혜애 1차, 11면)

차수철의 경우 교육을 통해 모든 운동을 구현할 수 있다는 신념을 가지고 교육전문기관을 설립하게 되면서, 점차 교육 주도의 환경운동에 집중하게 되었다. 그 과정에서 교육 이외의 다른 역할이 줄어드는 것에 대한 지역사회 동료나 후배 운동가들의 우려와 비판을 감수해야 했다. 문용포의 경우 종합형 운동단체에서 활동하다 보니, 교육을 하다가도 어떤 현안이 터지면 현안대응 운동을 해야 했다. 그는 운동방식에 대해 "꼭 이런 방식만 있을까", "이런 방식이 맞는 걸까" 하는 고민을 하게 되었다. 그런데 이러한 현상은 환경단체에 속한 대부분의 환경교육운동가들이 겪는 일이기도 하다. 교육운동에 비전이 있어 들어온 활동가들이 역량을 쏟지 못하고 활동을 지속하지 못하는 것이다. 문용포는 이러한 현상을 "미래가 현재에 종속되는 구조"라고 표현했다. 차수철과 문용포의 경우처럼 단체에서 오래 활동을 하다보면 단체의 책임자가 되는데, 환경교육전문단체가 아닌 경우, 특히 지역단체의 경우에는 연차 있는 활동가가 하나의 영역 운동에만 전념하기가 쉽지 않다. 결과적으로 이들은 두 가지

운동방식이 모두 중요하다고 생각하지만, 차수철의 경우와 같이 '운동전략적 우선순위'로 교육운동을 중심으로 하는 선택적 구성을 하거나, 문용포와 같이 '내가 잘할 수 있는' 혹은 '내게 잘 맞는' 교육운동을 중심으로 하는 선택적 구성을 하면서 환경교육운동가로서의 정체성을 형성해 가고 있었다.

> 활동가가, 사무국장이라는 게 워낙 짬뽕이라. 우리 여건으로 보면 짬뽕이야 앞으로도 계속 다년간 역할을 해야 되겠지만, 고민들이 있는 거죠. (…) [운동 후배들도] 안타까움이 많은가 봐. 안타까움과 우려들. '차수철이라는 인간이 너무 [교육운동에만] 올인 하는 거 아니냐.' 어쨌든, [지역운동 영역에서] 내가 해야 될 역할들이 있기 때문에. (차수철 2차, 15면)

> 단체마다 특성이 다르긴 하지만, 흔히 말해 종합적인 시민단체, 여러 가지를 두루 하는 단체의 입장에서 또 항상 미래의 문제가 현재의 문제에 종속되는 구조라고. (…) 환경 현안과 교육의 문제가 부딪히면 당연히 현안으로… (문용포 2차, 15~17면)

> 내 스스로 내가 진짜 더 잘할 수 있는 게 뭘까 (…) 두 가지는 동전의 양면 같은 거고 다 중요한 거라고 보기 때문에, 이게 더 중요하고 이게 덜 중요하고는 없는데… 내가 더 잘할 수 있는 거를 아마 이쪽으로 택했던… (문용포 2차, 17~18면)

운동 참여과정에서 느끼게 되는 현실적 고민들은 새로운 가치인식의 계기가 주어졌을 때, 운동방식이나 지향에 대한 성찰로 이어지게 된다. 문창식은 환경운동 15년차가 되면서 쉼과 성찰의 시간으로 주어진 장기연수에 참여하게 되었고, 연수과정은 개인의 삶과 운동을 함께 돌아보는 기회가 되었다. 우선 운동을 해오면서 환경문제해결을 위한 '근본적인' 접근방식을 고민하게 되었다. 지금까지 주창적 운동을 통한 정책변화 운동을 해왔지만, 본질적으로 이런 운동의 성과들이 '허상'일 수가 있다고 생각하게 되는 것이다. '자본주의 체제,

경쟁과 효율, 개발과 성장이 창궐하는 시대흐름'을 인정하면서 환경
문제해결이 가능할 것인가에 대해서 회의가 들기도 했다. 그는 이보
다는 환경문제에 대한 심각성을 깨달은 각자가 대안적인 삶을 만들
어내는 '본질적인' 접근이 더디더라도 환경문제를 해결할 수 있는 방
법이라고 생각하게 되었고, 그런 운동방식으로 교육운동을 선택하
게 되었다. 즉, 정책변화형 운동과 사람변화형 교육운동이라는 두
가지 운동방식에 대한 인지적 충돌을 감소화하는 조정 과정에서 교
육운동을 선택하게 된 것이다.

> 아주 본질적으로 접근할 필요는 있겠다. (…) 이제는 환경문제에
> 대한 좀 심각성을 깨달은 각자가 대안적인 어떤 삶들을 만들어가
> 는, 그게 좀 더디겠지만 근본적으로 환경문제를 해결할 수 있겠다
> 는 생각을 하는데, 그런 측면에서 보면 환경교육이라는 부분들이
> 좀 단기간 내에 어떤 효과를 가져 오긴 힘들겠지만, 환경교육을
> 강화를 시키고 확대를 시켜 나가면 훨씬 더 본질적으로 환경문제
> 를 해결하는 데는 근본적인 방법이다 이래 보는 거지. (문창식,
> 25~26면)

개인과 운동가 사이

기존의 가치가 새로운 인식을 만나게 되면 운동에 대한 반성과 성
찰, 그리고 개인의 삶에 대한 자기성찰로 이어지기도 한다. 문창식
의 경우 그간 운동가들이 주어진 시대 상황에서 '사명감'과 '책임감'
이라는 짐을 과도하게 짊어지고 왔는데, 이제는 그 짐을 내려놓자고
말한다. 그는 운동가로서 자신의 삶을 돌아보면서 '보람은 있었지만
과연 행복했던가' 자문하게 되었다. 그는 이제 '행복한' 운동을 해야
겠다고 생각했고, 자신과 가족, 주변 사람들이 자신과 함께 행복할
수 있는 일을 해야겠다고 생각했다. 결과적으로 '행복한 운동'이 될
수 있는 방향으로 선택적 구성을 하고 있었다.

운동가들이 가지고 있는 과도한 사명감과 책임감과 또… 외부로부터 남으로부터 요구되는 그런 거에서 한 발짝도 거부할 수 없는… 그러다 보니까 왜 경직되고, 또 어떨 땐 폼도 재야 되고, 그래 그 중요한 일인 거는 맞는데 나 아닌 어떤 누가 살아왔던가… 결코 행복한 건 아니었다. 그 일을 통해서 어떤 변화를 준 거에 대해서는 뭐 '내가 보람된 일을 했다' 이거지만 정말 이제 개인 문창식은 행복했던가… (…) 아, 내가 행복한 일을 해야 되겠다, 이제는… (문창식, 18~19면)

김혜애는 거대한 무엇과 싸우는, 그래서 성과가 나오기 쉽지 않고 종종 실패하게 되는 주창형 운동을 오래 하다 보니, '좌절감'이나 '피곤함'을 느끼고 있었다. 그녀는 비판하고 감시하고 주동하는 역할보다는 사람들과 좋은 이야기를 나누고 즐겁게 해주는 역할을 하고 싶었다. 그녀는 교육활동을 할 때 사람들의 변화를 직접 느낄 수 있고 보람도 커서 행복하다고 했다. 문용포는 '잘할 수 있는' 운동방식을, 문창식은 '보다 본질적인' 운동방식을, 김혜애는 '좋아하는' 운동방식을 선택함으로써, 스스로 행복을 느낄 수 있는 운동을 추구하는 방향으로 선택적 구성을 하고 있었다.

내가 반 농담으로 어떻게 얘기를 했냐면 늘 누군가를 욕해야 되고 누군가를 미워하는 삶을 한 20년 넘게 산 게 너무 지치고 피곤하다는 얘기를 했어요. 그러니까 나도 사람들에게 좋은 얘기를 해주고 사람들을 즐겁게 해주는 삶을 선택하고 싶다, 이제는. (김혜애 1차, 10면)

운동은 바로 바로 성과가 나오기가 쉽지 않은 일도 많고 좌절감도 굉장히 많은데, (…) 근데 교육은 실제 사람들의 변화를 눈으로 볼 수 있기 때문에… 그리고 피드백도 잘되고 그래서 보람도 큰 거 같아요. (김혜애 2차, 20~21면)

이념과 실천 사이

운동가들은 운동참여과정에서 자기성찰의 기회가 주어졌을 때 인지 충돌 상황에 놓이게 된다. 앞서 살펴본 바와 같이, 구술자들은 '사명감'보다 '행복'을 우선순위에 두게 되는 선택적 구성을 하게 되지만, 그렇다고 해서 그들이 운동적 지향으로서의 '사명감'을 내려놓는 것은 아니다. 운동가들에게 사회적 '사명감'과 '책임감'은 여전히 중요하다. 그러나 그들은 이것이 표출되는 내용과 방식을 변화시키고 있었다. 이전의 운동이 개인보다는 사회, 구조의 변화를 위한 운동으로 사회와 구조와 맞서는 저항적 성격의 사명감이 표출되었다면, 운동참여과정을 통해 운동가들은 사회나 구조보다는 개인의 변화를 선택적으로 구성하면서, 자기 스스로 삶과 운동, 삶과 교육을 일치시키는 사명감과 책임감을 표출하고자 하였다. 문용포는 교육자이자 운동가로서 이념과 삶을 일치시키는 것이 "백 마디 말보다" 중요하다고 말한다. 차수철은 우리 사회에 "활동가는 많은데 운동가는 많지 않다"고 이야기한다. 운동가는 앎과 실천이 일치하고, 그 삶의 모습이 다른 사람에게 영향을 미칠 수 있는 사람이라고 생각하기 때문이다.

> 교육자가 그 이념과 삶을 일치시켰는가… (…) 궁극적으로는 어쨌거나 운동가가 추구하고 있는 가치와 운동가의 삶을 계속 일치시키는 문제… 한 번에 될 수는 없는 노릇이지만 어쨌거나 그런 노력을 계속 게을리 하지 말아야 되고 그게 결국에는 아이들에게 비추는 거다. (…) 그것만큼 가장 좋은 교육이 없다… 얘기하는 백 마디 말보다… (문용포 2차, 22면)

이처럼 운동가들은 자신의 신념과 행동이 일치하지 않을 때 자기 성찰과 조정과정을 거치고 있었다. 이 과정에서 사회적 책임감과 사명감을 자신의 삶에서 "이념과 실천을 일치시키고자 하는 신념"으로 발현시키면서, 환경교육운동가로의 정체성 변화를 경험하게 되는 것이다. 그 과정에서 실천적 삶의 구현과 그로 인해 개인에게 행복을 주는 운동영역으로 무게중심이 이동하는 과정이기도 하다.

이는 운동가들이 사회적 사명감에서 운동을 시작하지만 기존 운동에 대한 반성과 성찰을 통해 결과적으로 실천적 삶의 구현을 선택하고 있다는 점에서 중요한 의미를 갖는다. 연구자는 이 과정을 '성찰적 실천'이라고 보았다. 이러한 '성찰적 실천'은 '환경교육운동가 되기'의 과정이면서 동시에 '진정한 환경운동가 되기'의 과정으로 해석된다.

3. 어떤 과정으로?

– 환경교육운동가 되기는 어떤 과정으로 진행되는가?

'되기'의 과정은 '개인생애'와 '운동'의 두 맥락에서 볼 수 있다. 여기서는 먼저 1) 구술자 개인의 삶에서 '환경', '교육', '운동'이 각각 어느 시점에서 '부각'되고 '강화'되는지, 어떻게 정체성을 형성할 수 있었는지 살펴보고, 다음으로 2) 시간의 흐름에 따른 운동의 맥락에서 구술자들의 '되기' 과정이 어떻게 진행되어왔는지 살펴보았다.

■ 개인 생애 맥락

각각의 구술자들에게 환경, 교육, 운동은 삶의 어느 시점에서 '부각'되고 '강화'되어 삶의 전면에 배치되는 것일까?

'환경'의 부각과 강화

구술자들은 다양한 경험을 통해 환경이 '부각'되는 경험을 하다가, 환경에 대한 인식이 '강화'되는 결정적 계기나 매개 상황이 주어졌을 때 환경운동가가 되었다. 환경인식의 부각이나 강화 시점을 살펴보면, 1) 환경문제의 현장을 목격하게 되거나(여진구, 문용포), 2) 환경문제로 인한 구조적인 피해를 인식하게 되거나(문창식), 3) 환경쟁점을 사회문제로 받아들이는(김혜애) 등 환경에 대한 부정적 경험이 결정적으로 작용하고 있었다. 이들은 생애맥락의 다양한 시점에서 긍정적, 부정적인 경험들을 하였는데, 특히 긍정적인 경험 이후에 부정적인 경험을 하였을 때 '환경'이 전면에 부각되는 경우가 많았다(여진구, 문창식, 문용포). 한편 환경에 대한 특별한 경험이 별로 없더라도 사회문제의 하나로 환경문제로 이해하는 경우, '환경'보다 '운동'이 먼저 부각되어 운동에 참여하고, 운동참여과정에서 '환경'을 의도적으로 부각시키거나 강화해가는 경우도 있었다(김혜애, 차수철). 이렇게 '환경'이 전면에 부각되면, 환경에 대한 경험뿐 아니라 다른 종류의 경험이나 가치 인식이 환경관 형성에 관여하면서 환경운동가 되기로 나타나고 있었다.

'운동'의 부각과 강화

'운동'의 부각은 주로 사회문제에 대한 관심에서 출발한 것으로 이해된다. 80년대 학번들의 경우에 운동의 부각은 시대 경험이 큰 영향을 미치고 있었다. 억압적인 정치구조, 암울한 사회분위기, 부조리한 사회문제들을 체감하면서 사회에 대한 관심을 갖게 되고, 운동권 학생이라는 구성원에 포함되면서 자연스럽게 '운동'이 삶의 전면에서 부각되고 있었다. 이들의 '운동'에 대한 부각은 운동권 학생 되기 시점과 학생운동 이후 운동가로서의 삶을 지속하게 하는 시점이 중요하다고 보았다. 먼저 구술자들의 운동권 학생 되기 시점은 1) 사회부조리 현장의 목격(여진구, 문창식), 2) 종교나 복지활동, 혹은 동아리 활동(여진구, 문창식, 김혜애, 문용포, 차수철)과 3) 선배나 동료들의 영향(문창식, 김혜애, 문용포, 차수철)이 사회문제에 대한 관심을 구체화하여 '운동'을 부각시키고 있었다. 다음으로 졸업과 사회 진출의 시기에 운동가로서의 삶을 결정하는 시점에서 1) 학생운동 참여과정에서의 학습과 2) 80년대의 역동적인 시대 경험을 통해 형성된 견고한 신념과 가치관은 '운동'을 '강화'시키고 있었다. 이러한 신념과 철학은 동구권 붕괴와 같은 충격적 상황이 발생하거나, 사회 진출의 선택적 상황이 왔을 때, 혹은 운동의 실패를 경험하게 되는 시점에서도 운동을 지속하게 하는 동력이 되었다. 선택적 상황에서 운동이 아닌 다른 선택을 했더라도 선배들의 제안(문창식, 김혜애, 문용포, 차수철), 시민강좌 참여(여진구), 환경사건 목격(문창식, 문용포) 등과 같은 '운동'이 다시 부각되거나 강화될 수 있는 매개 상황이 주어졌을 때, 운동가 되는 길을 선택하기도 했다. 즉, 이미 강화되고 구체화된 운동가로서의 철학이나 신념은 선택적 상황이나 인지 충돌 상황이 발행했을 때, '운동 영역 내에서' 성찰하고 선택하도록 유도하고 있었다.

'교육'의 부각과 강화

구술자들은 '환경'이나 '운동'의 부각과 강화와는 달리, '교육'의 부각과 강화의 시점에 대해서는 특정한 시점이 아닌 '원래' 관심이 있었다고 했다. '교육'의 부각은 살아가면서 경험하고, 느끼고, 반성하는 과정, 즉 삶의 전반에 걸친 평생학습의 과정을 통해 진행되었다. '교육'의 부각은 1) 학창시절의 교사에 대한 경험이나 교사가 되고 싶은 꿈, 2) 피교육 경험(여진구, 문창식), 3) 선후배, 동료들의 영향 혹은 멘토나 지지자의 만남(김혜애, 차수철), 4) 자녀들의 영향(문창식, 차수철) 등이 중요한 매개가 되었고, 이와 함께 개인소양과 운동참여과정의 인지적 충돌이 중요한 요인이 되고 있었다.

구술자들은 이전의 생활세계에서 교육이 부각된 경험이 적든 많든, 운동참여과정에서 교육활동 경험이 '교육'을 강화시키는 데 결정적 역할을 하고 있었다. 이것은 구술자들이 환경운동가에서 환경교육운동가가 되는 경험을 했기 때문에 당연한 현상일 수 있으나, 이들은 역설적이게도 운동참여과정에서 교육활동만이 아니라 다른 방식의 활동을 함께 경험했을 때 더 부각되거나 강화되었다. 이러한 경험이 '내가 잘할 수 있는 운동' 혹은 '내가 하고 싶었던 운동'이라는 구체적인 동기를 만들어 주었다. 이처럼 운동참여과정에서 진행된 '교육'의 부각과 강화는 사회변화라는 운동적 지향 안에서 '사회변화를 위한 교육', '운동하는 교육가', '민중을 위한 교육' 등의 차원으로 이뤄졌다. 한편 80년대 후반에서 90년대 초반에 이르기까지 사회운동의 활성화와 함께 전문운동가가 많이 필요했던 시점에 환경운동가가 된 경우, 환경운동가 되기 이전에 자신의 정체성에 영향을 미쳤던 피교육 경험이 이미 '교육'을 전면에 배치시킨 경우도 있었다.

다음 〈표 5〉는 구술자들의 생애맥락에서 나타난 대표적인 환경, 교육, 운동의 부각과 강화 시점을 제시한 것이다.

이상에서 살펴보았듯이, 구술자들의 삶에서 환경, 교육, 운동이 '부각'되고 '강화'되는 시점이나 과정은 공통점과 차이점을 가지고 있지만, 결국 서로가 서로에게 영향을 미치면서 환경교육운동가라는 독특한 정체성 혹은 특질을 갖는 집단을 형성하는 것을 볼 수 있었다. 셋을 함께 볼 때, 어떤 경우에는 '환경'이, 어떤 경우에는 '운동'이, 어떤 경우에는 '교육'이 전면에 배치되면서, 이들 간의 위치는 운동과정에서 끊임없이 바뀌고 있었다. 구술자들의 삶에서 '운동'과 '교육'이 전면에 함께 '부각'되었을 때, 이들의 삶에서 '환경' 이외의 다른 주제 영역이 새롭게 부각되거나 확장되는 현상으로도 나타났다(문용포, 문창식). 또한 '환경'과 '운동'이 함께 전면에 '부각'되었을 때, 환경교육을 환경운동과 일치해서 보면서 환경운동을 더 잘하기 위해 환경교육운동을 하기도 했다(여진구, 김혜애, 차수철). 이러한 과정은 끊임없이 묻고 답을 찾아가는 성찰의 과정이기도 하다. 운동가들은 사회의 변화와 개인의 변화, 운동과 삶을 일치시키고자 하는 역동적 '자기성찰'의 과정을 통해, 자신의 정체성을 변화, 이동, 확장시켜가고 있었다.

〈표 5〉 환경교육운동가의 생애 맥락에서 환경, 교육, 운동의 부각과 강화

	'환경'의 부각, 강화*	'운동'의 부각, 강화*	'교육'의 부각, 강화*
여진구	_강가마을, 농경문화, 눈놀이, 서리 추억 _환경책, 환경피해현장 목격 _**지역공동체 주민운동**	_녹재정권 폭정 목격 _학생운동 _종교공동체 활동 _**배움마당**	_교육 관심 _신학 전공, 목회 활동 _배움마당 _**어린이체험교육**
문창식	_산골마을, 초가집, 산 넘어 장에 가기 추억 _이농과 이사 _**페놀오염피해 목격**	_실천적 예수 상 _복지시설 봉사활동 _**페놀오염사건 피해 목격** _**운동선배제안**	_기업 연수팀 지원 _아시아시민사회연수 _대안교육연대 활동 _자녀의 대안학교 진학 _**청소년 강강술래단**
김혜애	_선배운동가 만남 _평화문제 관심 _**세계적 핵사고** _**사회진출과 시민운동 모색**	_독서동아리, 운동선배 만남 _사회학과 진학 _**학생운동** _**사회진출과 시민운동 모색**	_조직 및 교육기획사업 경험 _시민사회 동료들 _**조직적 상황** _**후배들의 요청**
문용포	_제주, 지역적 특성 _여행, 오름나그네 _**오름의 송전탑 반대운동**, '환경 운동가'로 방송소개	_인문도서 탐독 _학생운동과 학습 _**87년 민주화항쟁 시위 참가** _**운동선배만남과 권유**	_교사 경험과 교사되기의 꿈 _교육문화연구회 _**오름학교, 교사모임**
차수철	_산골마을, 자연경험 _환경운동선배 만남 _**환경운동참여과정**	_불교 동아리 _사회과학동아리 _**학생운동과 학습** _**87년 전후 치열했던 운동참여**	_교사되기의 꿈 _사범대 진학 _환경교육기획사업 _**지역운동의 전략으로 택한 교육운동 경험** _**학교 운영위원장 활동**

*와 굵은 글씨는 '강화'의 경험이다. 이는 연구자의 관점에 따른 것이다.

삶 전반에 걸친 경험으로부터의 '전유'

앞서 살펴본 바와 같이, 생애 어느 시점에서 '환경', '운동', '교육'
이 부각되는 결정적 사건이나 계기가 있기 마련이지만, 똑같은 사건
을 함께 경험하더라도 모두에게서 같은 결과로 귀결되지는 않는다.
결정적 사건이나 계기가 있기 전에 어떤 삶을 살아왔는가가 그 시점
에 영향을 미치게 되기 때문이다.

이에 대한 구체적인 이해를 위해, 차수철의 면담과정에서 드러난
생애에서 의미 있었던 것으로 여겨지는 경험들을 [그림 4]에 나타내
었다. 여기서 연구자가 주목한 것은 생애 전반에 걸친 의미 있는 경
험들은 복잡한 중층적 구조로 일어난다는 점이다. 예컨대, 해인사
인근 시골마을에서 태어나 지역종교로 불교를 접했고, 불교학생회
와 청년회 활동을 통해 민중교사의 꿈을 꾸게 되거나 소외된 사람들
을 위한 사회변화의 꿈을 갖게 된다거나 학생운동에 진입하게 되는
과정을 볼 수 있다. 한편 어릴 적 삶의 터전으로서의 자연환경과 가
정환경이 사색과 글쓰기를 좋아하는 개인적 성향 혹은 소양에 영향
을 미쳤고, 이는 교사되기의 꿈으로, 사범대 진학으로 영향을 미치
게 된다. 이후 치열한 학생운동과정에서 구속되는 경험으로 교사를
포기하고 사회운동을 하게 되었지만, 결국 다시 교육운동을 하는 데
영향을 미치게 되는 과정을 볼 수 있다. 그런가하면 결혼과 이주로
선택한 지역의 특성 때문에 교육운동을 전략적으로 선택한다거나,
그 과정에서 만난 전문 자원활동가들과의 인연으로 지역사회 공교
육 개혁운동에 참여하고, 전문 환경교육센터와 환경도서관 설립과
같은 결과를 만들어가기도 한다. 또한 [그림 4]의 마지막에 '?'로 나
타내었듯이, 전유의 과정은 진행 중이기 때문에 미지의 '어떤 무엇'
으로 구현되어가는 혹은 구현될 예정이다.

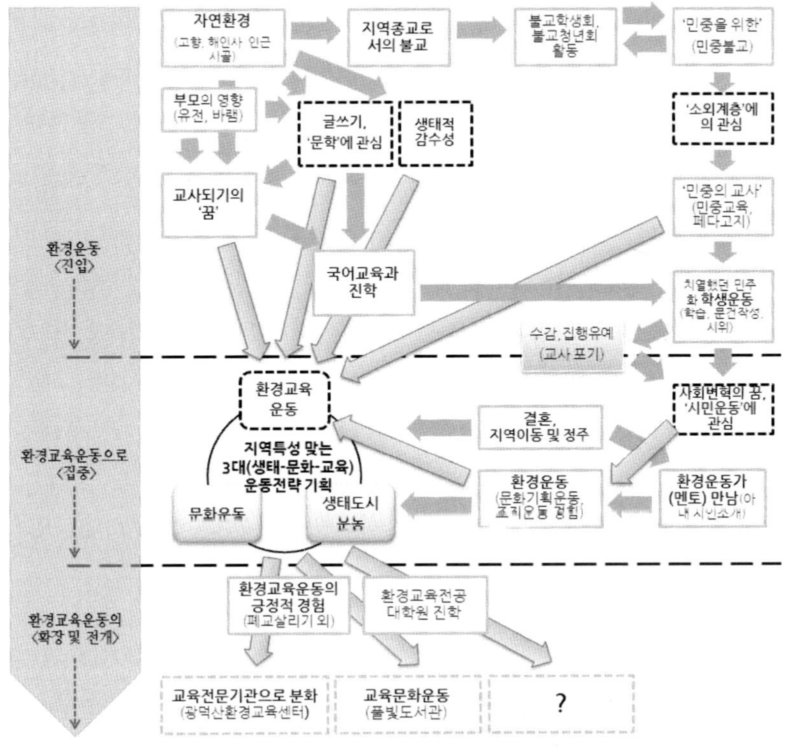

[그림 4] 차수철의 생애지도

이처럼 누군가가 주어진 환경과 여건 속에서 '의미 있는 경험'을 하게 될 때, 이들 경험은 '복합적', '중층적'으로 영향을 미치게 된다. 개인이 이러한 경험과 영향을 자신의 삶으로 가져와 의미화 할 때, 비로소 '되기'를 완성해 간다고 이해할 수 있다. 이는 앞서 살펴본 운동참여과정에서의 변화나 환경, 교육, 운동이 부각되고 강화되는 것과 마찬가지로, 생애전반에서도 여러 상황들이 복합적으로 상호작용하면서 정체성 변화에 영향을 미치게 되는 것으로 이해할 수 있다.

정리해보면, 환경교육운동가들은 환경교육운동가가 되기까지 주어진 환경과 여건, 경험을 자신의 삶으로 가져와 의미화 하는 '전유'의 과정을 통해 환경교육운동가 되기를 경험하게 된다.[35] Tanner(1980)

는 '의미 있는 삶의 경험'을 앎으로써 미래세대에게 의미 있는 경험을 제공할 수 있다고 한 바 있다. 그러나 한 시대, 한 사회를 살아가면서 공통의 경험을 하더라도 모두가 같은 삶을 살아가지는 않는다. 때문에 '의미 있는 삶의 경험'은 모두에게 같은 현상으로 나타나거나 영향을 미치지는 않는다는 점을 간과해서는 안 된다. 누군가가 '의미 있는 삶의 경험'을 한다고 할 때, 이것이 '의미 있는' 이유는 특수한 개인적 상황과 이전의 생활세계로부터 형성된 개인의 소양, 경험의 맥락에서 사회적 혹은 시대적 맥락과 구조 속에 놓여 있기 때문이다. 또한 이들 경험과 구조는 일차원적이거나 선형적으로 영향을 주는 것이 아니라 중층적이면서 복합적으로, 또 지속적으로 일어나기 때문에 하나의 경험이 하나의 결과를 가져오거나, 반대로 하나의 결과가 하나의 경험에서 이루어지지 않는다. 오히려 삶의 경험을 주어진 사회적 맥락과 구조 속에서 자신의 삶으로 가져와 의미화 하는 '전유'의 과정 속에서 그 의미를 찾게 되는 것이다. 이 과정을 통해, 동시대를 살아온 사람들의 공통의 경험을 통해 만들어지는 '일반성'과 그 경험을 전유하는 과정에서 생겨나는 '고유성과 특수성'을 동시에 지닌 '환경교육운동가'가 될 수 있는 것이다.

■ 운동의 맥락

앞에서 환경, 교육, 운동의 삶의 전경 '부각'과 '전유' 과정을 '개인 생애 맥락'에서 분석해 보았다면, 여기서는 시간적 흐름에 따른 운동의 변천과정을 통해 시대적 맥락에서 이해해 보고자 한다.

구술자들의 시대별 운동 실천의 맥락은 크게 4단계로 나타났다. 〈1

---

35) '전유'는 주어진 환경과 자원 속에서 기회를 찾고 그것을 자신의 삶으로 가져와 의미화 하는 사람들의 분투과정을 드러냄으로써 연구 성과를 해석하는 방식으로 이해되기도 한다(조용환의 '현지연구와 질적 분석' 강의내용. 2009년 5월 강의노트 참조).

단계〉는 1980년대 공통적으로 진입하게 되는 학생운동으로, 개인의 관심사나 배경에 따라 교육문화연구회나 사회과학동아리(문용포, 차수철), 풍물패(문용포), 불교학생회(차수철), 사회봉사 동아리 참길회(문창식) 등과 같은 동아리 활동이나 사회봉사활동, 종교활동 등을 통해 사회문제에 관심을 가지게 되고, '운동'이 부각되는 단계이다. 이 시기 사회운동은 개혁 지향적, 체제 지향적인 '체제 개혁운동'이 주도하고 있었으며, 환경운동은 '반공해', '민중', '권리' 담론이 주를 이루고 있었다. 이러한 시대적 맥락에서 운동가들은 사회문제의 구조적 문제에 눈을 뜨게 되었고, 소외된 민중을 위한 권리를 주장하거나 자신의 가치관과 이념을 실천할 수 있는 장으로서 운동을 경험하고 있었다.

그런데 흥미롭게도 학생운동에서 시민운동으로 넘어가는 과정에서 〈전환기/모색기 혹은 방황기〉로 볼 수 있는 시기가 모두에게 공통적으로 나타났다. 여진구는 신학대학 시절부터 해오던 목회활동을 했지만 종교공동체 봉사활동을 하면서 서서히 사회운동을 하는 것으로 마음을 바꿨고, 문창식은 졸업하고 바로 결혼을 하면서 부모님의 기대에 대한 부담으로 취직을 하게 되었지만 사회봉사활동과 자원활동가로 환경운동에 계속해서 참여하였고, 김혜애는 언론사에 들어가거나 대학원에 진학하기 위해 준비하는 과정에 있었지만 선배운동가를 만나고 '푸른한반도'를 조직하게 되면서 전업운동가가 되기로 했다. 문용포는 노동운동의 구조조정의 흐름 속에 귀향하여 제주의 오름에 빠져 여행을 다니다가 선배들의 권유로 생태보전운동을 할 수 있는 환경단체에 몸을 담게 되었다. 차수철은 학생운동으로 구속되었다가 집행유예로 나오긴 했지만 부모님께 효도하겠다는 생각으로 졸업 후 귀향해서 취직을 하였지만 지역청년회 활동은 계속 해왔다. 결혼을 하고 이주를 하게 되면서 다시 운동을 할 수 있는 환경단체에 들어오게 되었다. 이들의 모색기 혹은 방황기는 보통

1년 안팎으로 그리 길지 않았지만, 2단계로 가기 이전에 인지 충돌과 갈등의 국면을 맞고 있었다. 1990년대 초반 사회주의 붕괴의 시대경험과 '운동권 학생'으로 살아온 독특한 삶의 경험, 그리고 현실에 발을 디뎌야 하는 졸업과 사회진출의 시점이 맞물리면서, 사건이나 강좌, 선배의 권유 등의 '매개 상황'과 학생운동의 학습과정에서 형성되고 강화된 신념과 가치관들이 인지적 갈등이나 충돌 상황에서 다시 '운동'을 선택하도록 이끌었다. 그럼에도 불구하고 모두가 이러한 방황기 혹은 모색기를 공통으로 겪었다는 사실은 '무조건' 혹은 '당연히' 운동의 길을 가야겠다는 결심이나 신념, 사회적 사명감과 책임이 견고하더라도 현실적인 여건, 특히 가족들의 영향은 중요한 갈등요인이자 변수가 되었다. 그만큼 '운동가'로 평생을 살아가는 결정은 강한 신념과 의지가 있더라도 쉽지 않은 선택임을 알 수 있었다.[36) 또한 이러한 구술자들의 방황과 모색의 시기는 사회운동과 환경운동 전반의 '민중'담론에서 '시민'담론으로, '공해'담론에서 '환경'담론으로 변화를 모색하거나 변화해가는 시기와도 맞물려 있었다. 구술자들에게는 사회진출의 시점에 다양한 선택의 범주 속에서 운동을 할 수 있으면서도 새로운 시도가 될 수 있는 '시민운동'은 괜찮은 선택이었던 것으로 이해된다.

이렇게 환경운동을 선택한 이들은 본격적인 운동의 〈2단계〉로 시민운동으로서의 '환경운동'을 전개하게 된다. 환경운동가들은 시민운동단체의 특성상 운동참여과정에서 다양한 방식의 운동을 경험하게 된다. 이들 대부분은 교육사업뿐만 아니라 현장조사, 정책사업, 조직사업 등 다양한 방식의 운동을 순환적으로 혹은 동시에 경험한다. 또한 이들이 참여하게 되는 교육활동의 형태도 강좌, 캠프, 탐사

---

36) 향후 연구에서 이러한 모색기, 방황기의 시점에 대해서 이탈자들의 삶을 비교 연구하는 것은 의미 있는 작업이 될 것이다.

나 기행, 캠페인, 회원모임 등으로 다양했다. 이 시기 사회운동은 거대한 운동의 흐름으로 나타나고 있었다. 87년 민주화항쟁 이후 급변한 정치적 기회구조 속에서 시민사회는 급성장했고, 사회운동은 물론 환경운동이 폭발적으로 성장했고, 이 가운데 환경운동가들은 운동의 영향력을 경험하면서 운동의 주체로 성장하고 있었다.

운동참여과정에서 '교육'에 자기 소양이나 관심이 있는 경우에는 다른 활동을 병행하더라도 '교육중심활동가'로 점점 활동영역을 집중해가는 〈3단계〉가 자연스럽게 진행되었다(여진구, 문용포, 차수철). '교육'이 운동 초기의 시점부터 부각된 경우, 시대적 상황 때문에 '운동'을 평생의 직업으로 택했지만, 자기 소양이나 관심을 운동에 전략적으로 반영하여 교육중심의 환경운동을 전개하고 있었나. 한편 운동참여 이후에 '교육'이 강화되었을 때, 운동참여과정에서의 내외부적 상호작용을 통해 자신에게 잘 맞는 교육운동을 운동의 전망으로 삼게 되면서 〈4단계〉인 전문 환경교육운동로 진행되었다. 운동 초기에 '교육'이 부각되지 않았다가 운동참여과정이 어느 정도 지속된 다음에 '교육'이 부각되게 되는 경우에는 이미 조직의 운영자 혹은 선배운동가의 입장에 있기 때문에 〈3단계〉 교육중심운동의 단계를 거치지 않고 바로 새로운 운동 영역의 확장으로 〈4단계〉 전문 환경교육운동으로 진행되기도 했다(문창식, 김혜애). 〈4단계〉 전문 환경교육운동은 운동의 분화, 전문화, 다양화로 나타났는데, 이 과정은 특히 운동가 개인, 조직과 운동 자체를 돌아볼 수 있는 자기성찰의 시간이나 기회가 주어졌을 때 결정적 전환이 일어나고 있었다.

이 시기 사회운동도 분화 과정을 거치고 있었다. 구술자들의 운동 실천의 맥락이 〈2단계〉 환경운동 시기에서 〈3단계〉 교육중심환경운동이 전개되고, 〈4단계〉 전문 환경교육운동이 전개되는 과정도 이러한 사회운동의 분화와 맥을 같이한다. 거대한 운동에서 차이를 존중하는 운동으로 나타나는 사회운동의 흐름과 마찬가지로, 환경운동은 '교육중심환경운동' 혹은 '환경교육운동'으로 분화되었다. 〈3단계〉에서는 환경변화에 따라 새로운 자기 의제를 수용하는 '변형'의 형태로 나타났다면, 〈4단계〉에서는 '변형'과 함께 독자적 운동 조직으로의 '분기'의 형태가 함께 나타나고 있었다. 다음으로 차이의 존중에서 차이의 연대로 나타나는 사회운동의 흐름과 마찬가지로, 환경교육운동에서도 여러 주체 간의 네트워크, 지역 네트워크, 영역을 넘어서는 내용적 네트워크가 형성되고 있었다.

이는 사회운동 유형의 변화와 비교할 때, 〈1단계〉는 '체제개혁운동'으로 볼 수 있고, 〈2단계〉는 '생활세계개혁운동'이 강조되기 시작한 것으로 볼 수 있다. 이 시기 환경운동은 '민중' 담론에서 '시민' 담론으로, '반공해' 담론에서 '환경' 담론, 나아가 '생명' 담론이 결합되고 있었다. 〈3단계〉와 〈4단계〉는 '체제개혁운동', '생활세계 개혁운동'과 함께 '대안생활세계운동'이 강조되기 시작한 것으로 볼 수 있다. 공동체와 지역을 중심으로 한 풀뿌리 환경교육운동이 활성화된 것은 이러한 사회운동의 맥락에서 해석된다. 한편 이 과정의 변화는 환경담론 지형에서 '성찰'담론으로 설명되어 왔다. 즉, 초기 단계의 운동이 체계개혁을 통해 권리를 인정받기 위한 투쟁 운동이었다면, 환경교육운동으로 전환되는 과정에서 운동가들은 나와 주변, 그리고 공동체의 행복과 평화를 추구해가는 '성찰'의 주체로 성장하고 있기 때문이다. 본 연구에서 만난 구술자들은 이러한 '성찰'의 과정을 거쳐, 자신의 이념과 가치를 삶을 통해 구현해나가는 실천적 주체로 변화되고 있었다. 이에 더해, 연구자는 '성찰성'이 강조되는 그간의 운동들이 이제는 현장에서 새로운 운동의 모습 혹은 운동과 삶의 일치된 모습으로 구현되는 '실천성'에 강점을 두었다. 결과적으로 환경교육운동가의 형성은 '성찰적 실천' 담론으로 설명할 수 있다.

다음 〈표 6〉에서는 구술자 개개인의 운동 실천의 맥락을 살펴보고, 이를 사회운동과 환경운동의 맥락에서 비교해보았다.

<표 6> 시간 흐름에 따른 운동 실천의 맥락

	1980년대 초반	1980년대 후반	1990년대 초반	1990년대 후반	2000년대 초반	2000년대 후반	2010년 이후
여진구	학생운동 (82학번)	종교 공동체 운동(목회)			환경운동		
			피해조사	지역기반 생태보전운동			
				교육중심 환경운동, 전문 환경교육운동			
				지역기반 환경교육		무형식교육 구상 환경교육네트워크	
문창식	학생운동 (83학번)	취직		환경운동		전문 환경교육운동	
	사회복지운동			대안교육 연대활동		대안교육운동 공동체운동 사회적 기업 준비	
김혜애	문학 동아리	학생운동 (86학번)	대학원 준비	환경운동		전문 환경교육운동	
				시민참여, 기업협력 교육사업		환경교육전문기관	
문용포		학생운동 (85학번)	여행	환경운동		전문 환경교육운동	
		노동운동		환경보전운동	시민참여, 환경보전교육 활동	대안형 환경학교 생명평화교육운동	
차수철	불교 동아리, 문학 동아리	학생운동 (86학번)	지역불교 청년회 활동 (취직)	환경운동			
				기획조사	지역기반 환경운동 교육중심 환경운동		
		사회과학 동아리			전문 환경교육운동		
					환경교육전문기관 환경교육네트워크		

▶ 구술자들의 운동 실천의 맥락

▶ 사회운동의 맥락

▶ 환경운동의 맥락

환경교육운동가는 누구인가?

1. 환경교육운동가의 이념형

'정체성'은 한 개인이나 집단이 처한 사회적 상황 속에서 자신의 존재 의의와 위치를 확인하는 자기 이해의 과정이다(주형선, 2005). 이는 사회적, 문화적 맥락 안에서 구성되고 계속해서 변화해갈 수 있기 때문에, 일대기적 관점에서 이해되어야 한다. 또한 한 개인이나 집단의 정체성은 단일하게 나타나는 것이 아니라 여러 정체성들이 정체성 간 상호관련성을 가지고 복합적으로 나타나며, 이것이 때로 모순의 원천이 되기도 한다(Castelle, 1997). 이러한 이유에서 '나는 누구인가?'라는 자문은 정체성을 찾아가는 과정에서 중요한 질문이 될 수 있지만, 어떤 개인이나 집단의 정체성을 '나는 누구이다'로 단번에 규정하기는 어렵다.

본 연구는 '환경교육운동가는 누구이다'라는 답보다는 '환경교육운동가는 어떠하고 어떠하며 어떠하다'라는 답을 찾아가는 과정에 가깝다. 여기서는 정체성 변화의 과정을 통해 형성된 환경교육운동가의 정체성을 '이념형(ideal type)'의 유형으로 해석적 논의를 진행

하였다.37)

앞서 연구의 배경에서 논의한 바와 같이, 본 연구는 이론과 실재의 간극을 줄이고자 하는 필요성에서 출발하였다. '이념형'의 분석방법은 현실과의 거리를 좁히고, 실재 세계를 파악할 수 있는 유용한 수단이 될 수 있다(Abrams, 1982). 그렇지만 '이념형'은 전형적이거나 이상적인 것도 아니고, 실제로 존재하는 현실이나 반드시 존재해야 할 무엇도 아니다(Abrams, 1982). 오히려 이념형은 '이론은 현실을 그대로 반영할 수 없다'는 전제 하에서의 개념이다.38) 본 연구결과로 제시하는 환경교육운동가들의 이념형은 그들의 생활세계에서 나타나는 '경합적 본질'의 한 부분으로 이해하는 것이 바람직하다. 즉, 전형적이라거나 이상적인 것도 아니며, 연구자의 관점에 따라 본 논의와는 다른 이념형이 제시될 수도 있음을 전제로 한다.

환경운동가의 정체성 변화를 통해 형성된 환경교육운동가의 '이념형'은 크게 다음 세 가지 유형으로 나타났다. 첫째, 교육운동을 중심으로 하지만 환경운동과 환경교육을 분리시키기보다는 통합을 추구하는 '일치형', 둘째, 환경운동의 여러 영역 가운데 환경교육운동 영역의 활동으로 선택하고 집중하는 '집중형', 셋째, 환경운동의 영역 안에 머무르지 않고 무게중심을 환경운동에서 교육운동으로 이동시키면서 영역을 넓혀가는 '확장형'이다. 환경교육운동가들에게서

---

37) 사회과학 연구에서 유용하게 활용되는 '이념형'은 베버(Max Weber)에 의해 발전되었다. 베버가 말하는 '이념형'은 어떤 대상물에 대한 여러 관점들 가운데 어떤 일면(一面)을 강조함으로써 구체적인 현상들을 강조된 관점에 따라 통합하여 형성한 분석적 구성물로 정의할 수 있다(이용환, 1991). 이러한 '이념형'은 구체적 사회적 인간 행위의 일관된 의미 관계성에서 나온다(박순영, 1980).

38) 이념형은 연구자가 주어진 현상으로부터 일부를 선택하여 구성한 가공물이기 때문에, '현실을 그대로 반영할 수 없다'는 점에서 현실과는 다르지만, 그 다름은 현실이 달라서가 아니라 정제물, 즉 본질의 경합 과정을 거쳐 '선택된 본질'이기 때문에 다르다(조혜인, 2006). 베버는 연구자의 일은 모호하고 일시적이며 구체적일 수밖에 없는 현실을 파악하기 위해 정확하며 추상적인 비현실적인 상황을 상상력을 발휘해서 재구성해내는 것이라고 말한다(Abrams, 1982).

나타나는 이념형적 특질을 살펴보면 다음과 같다.

■ 일치형 : 환경운동의 모든 과정이 교육이죠!

　구술자들은 사회를 변화시키고자 하는 강한 운동적 신념을 바탕으로 환경운동을 하나의 영역을 선택하여 운동에 참여했기 때문에, 운동참여과정에서 '교육'이 부각되더라도, 초기에는 자신이 해오고 있는 환경운동 영역 내에서 우선순위나 중요도가 변하는 '자기기준의 변화'로 나타나는 경우가 많다. 또한 운동가가 되기 이전에 '원래부터' 교육에 대한 관심이 있거나 개인적으로 교육가적 소양을 가지고 있었던 경우, 그리고 운동참여과정 초기에 '교육'이 부각된 경우에는 애초부터 환경운동의 방식이나 전략을 고민할 때 교육적 관심을 반영하고자 하기 때문에, 환경운동과 환경교육을 분리하기보다 통합을 추구하는 이념형으로 나타난다. 이는 '일치형'으로 볼 수 있다.

　이들은 [그림 5]에서 보듯이, 시민운동의 한 영역으로 환경운동을 선택하여 환경운동가가 되고 환경교육운동가 되지만, 환경교육운동이라는 영역에만 머무르지 않고 환경운동과 환경교육의 경계를 넘나드는 상호작용을 통해 환경운동으로서의 환경교육, 환경교육으로서의 환경운동을 해나가는 경향을 보인다. 따라서 환경교육운동 영역에 머무르는 일방향의 선형적 흐름이 아니라 환경운동과 환경교육 영역 간의 넘나들기와 지속적 상호작용을 통해 서로에게 영향을 미치면서 환경교육운동을 구현해간다. 이 과정에서 교육과 운동을 넘나드는 과정은 '교육도 하고 운동도 한다'라는 것이 아니라, '교육이자 운동을 한다'라고 생각한다는 점에서 '일치형'으로 해석하였다. 이들은 '모든 환경운동이 곧 환경교육'이라고 생각하거나 그렇게 될 수 있다고 믿는다. 따라서 교육중심 활동에 무게를 두어 활동하더라

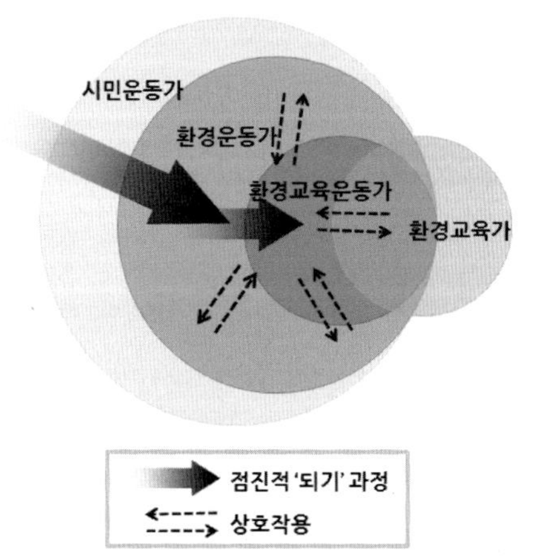

[그림 5] 일치형 : 환경운동과 환경교육을
넘나들기와 통합하기

도, 일반적으로 '교육'이라는 운동 방식으로 분류되는 활동만을 고집하지는 않는다. 이들은 주창형 운동 방식의 교육적 의미를 포함하는 넓은 의미의 교육적 활동을 해나간다. 때문에 이념형으로 '일치형'을 추구하지만 실제에서는 일반적으로 '교육'이라 불리지 않는 활동을 병행하는 모습으로 나타나기도 한다.

여진구는 환경교육운동을 중심으로 생태보전운동을 해왔다. 그는 운동 자체가 대중을 설득하는 일이고, 이것이 곧 교육이라도 생각한다. 운동가는 사람들에게 교육하거나 이야기할 수 있는 기회가 주어졌을 때 사람들의 마음을 움직이고 조직하는 과정이 교육이기 때문에, 그는 모든 운동가들이 교육적 소양을 가져야 한다고 주장한다. 또한 그는 지속가능한 사회를 만들어가기 위해 환경운동을 하며, 이를 위해서 환경교육은 선택이 아닌 운동의 필수 요소라고 생각한다. 따라서 교육이 잘 이루어지지 않으면 운동도 왜곡되거나 실패하게 된다는 것이다. '모든 운동은 필수적으로 교육과정을 통해 실현되어야 한다'는 것이 그의 생각이다.

운동가는 자기 내면의 어떤 지향성이 분명히 있잖아요. 변혁에 대한 지향성, 변화에 대한 지향… 환경에 대한 지향이 있는데, (…) 예를 들면, 나한테 3분이 주어졌어, 5분이 주어졌어… 스피치가 사람들을 바꿀 수 있는 결정적 기회에요. 그렇다 그러면 내가 볼 때, 환경운동가는 교육에 관심을 가져야 되는 게 옳은 거예요. (여진구 2차, 21면)

> 교육과 조직은 사회를 진전시키는 필수 요소지 선택적 요소가 아
> 니라는 거예요. (…) 어떤 목표에 도달하기 위해서 반드시 수행되
> 어야 할 필수적인 요소라는 거예요. (…) 사회를 더 좋게 하고 진전
> 시키고 하는 데 있어서 가장 기본은, 교육 안 되면 전달이 안 되잖
> 아요. 공감하기도 어렵고. (여진구 2차, 19~20면)

차수철은 '모든 운동은 교육을 통해 구현될 수 있다'고 믿는다. 그
는 개인적으로 "환경교육을 통한 환경운동의 모델을 구현"하는 것이
운동의 전망이라고 말한다. 그는 환경운동과 환경교육운동을 통합
하고 일치시키려는 지향을 가지더라도, 현 실태에서는 선택과 구분
의 형태로 나타날 수 있다고 한다. 이 때문에 '일치형'과 '집중형' 사
이에서 이념형들이 경합을 벌이기도 한다는 것이다.

> 현장에서 부딪히다 보면 환경교육을 통해서 다 풀어낼 수 있지.
> 음, 핵심전략이다 이런 생각이 주를 이루고 있는데 아직 그걸 구
> 현해보지는 않았잖아요. (…) 내 생각은 그런 방향을 추구하지만
> 현실 속에서는 선택과 구분으로 나타나는 모양이죠. (…) 운동적
> 활동과 교육적 활동이 분리되어 있는 양상으로 나타나고 있고. 조
> 직적으로도 환경교육과 환경운동연합의 정책운동은 분리적인 양
> 상과 주체로 나타나고 있는 것이 현실인 거고. 근데 이제 나는 어
> 쨌든 그걸 통합하는 방향에서 가자라고 계속 생각을 하고. (차수
> 철 3차, 19면)

'일치형'으로 나타나는 운동가들 가운데 여진구는 전국환경교육네
트워크의 대표이면서 생태보전시민모임 대표를 맡고 있으며, 차수
철은 천안아산환경운동연합 사무국장과 광덕산환경교육센터 소장
을, 김혜애는 녹색교육센터 소장과 녹색연합 협동사무처장을 겸임
하고 있다. 이들은 자신들에게 주어진 역할과 환경 속에서 자신들의
이념형을 구성하는 본질의 경합과 더불어, 이념형의 경합을 끊임없
이 겪어내고 있는 것이다.

■ 집중형 : 전략적 선택으로! 내가 잘할 수 있는 영역이죠!

‘집중형’은 [그림 6]과 같이 환경운동의 여러 영역 가운데 교육운동을 선택하고 집중해가는 환경교육운동가의 유형이다. 이들은 환경교육을 환경운동 영역 안에서 고민하되, ‘전략적으로’ 혹은 ‘자신이 잘할 수 있는’ 영역으로 환경교육운동을 선택한 경우이다. 이는 환경운동 안에서 정체성의 특질이나 우선순위가 변하는 ‘수준의 변화’ 혹은 ‘자기기준의 변화’로 볼 수 있다. 운동참여과정에서 교육활동을 통해 ‘교육’이 강화되는 경험을 하게 되는데, 그 과정에서 인지충돌이나 외부적 매개 상황이 발생하게 되면, 환경교육운동을 새로운 운동적 접근으로 인식하고 집중해가면서 점차 전문 환경교육운동으로 진행되는 경향을 보이기도 한다.

구술자들의 경우 공통적으로 ‘운동’에 대한 강한 신념과 동기에서 운동 영역에 진입하였기 때문에, 이념형의 변화는 ‘교육’이 부각되는 정도에 따라서 진행된다고 할 수 있다. 초기에는 ‘일치형’이었다가 점차 ‘집중형’, ‘확산형’과 동시에 나타나거나 혹은 순차적으로 변화되기도 한다. 예컨대 ‘교육’이 ‘환경’보다 더 강하게 부각되는 경우에는 ‘확산형’으로 이동하고 있었다. 특히 ‘집중형’은 ‘일치형’과 동시에 나타나는 경우가 많다.

문용포는 운동참여과정을 통해서 초반에는 내가 잘 할 수 있는 운동 방식을 찾아가는 ‘집중형’의 모습을 보였다. 그는 제주참여

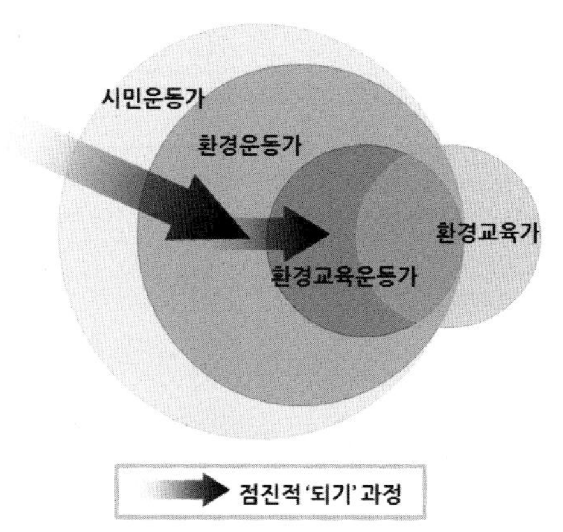

[그림 6] 집중형 : 환경교육운동 영역으로 집중하기

환경연대의 사무처장에서 환경국장으로, 다시 생태교육팀장으로 자신의 역할 범위를 좁혀가면서 교육중심 환경운동을 전개하였는데, 이러한 과정은 '집중형'으로 설명할 수 있다.

두 가지[운동방식에서 교육적 접근과 정책적 접근]은 동전의 양면 같은 거고, 다 중요한 거라고 보기 때문에, 이게 더 중요하고 이게 덜 중요하고는 없는데… 내가 더 잘할 수 있는 거를 택했던…(문용 포 2차, 17~18면)

김혜애의 경우 환경운동의 여러 방식 가운데 하나로 교육운동을 보고 있었는데, 스스로는 여전히 환경운동가로서의 정체성이 더 크지만, 교육가로서의 소양과 전문성을 가지기 위해 노력하고 있나고 했다. 그녀는 기존 운동방식에 대한 회의와 새로운 운동을 찾아가는 과정에서, 환경운동의 영역확장이면서 스스로 행복감을 느끼는 방식의 선택적 구성으로 전문 환경교육운동을 택했다.

지금 방식의 환경운동은 내가 보기에는 짧으면 5년 이상 못 갈 거다 라는 생각이 있었어요. 길면 10년, 짧으면 5년 이상… (…) 환경 문제를 근본적으로 해결한다는 건 사람들의 인식을 바꿔내지 않으면 불가능하다, 생활방식을. (…) 결국은 새로운 환경운동의 영역은 아마 교육파트일 거라는 생각을 계속 했었고, 그 얘기를 많이 했던 것 같아요. (김혜애 1차, 7~8면)

또한 차수철의 경우 지역의 특성에 맞는 지역운동의 전략으로 환경교육운동에 집중해가고 있었다. 그는 이념형으로는 '일치형'을 추구하지만 운동의 전략적 선택에 따라 그의 활동은 현 실태에서는 '집중형'의 모습으로 나타났다.

■ 확장형 : 삶 자체가 교육이니까!

'확장형'은 '환경' 이상으로 '교육'이 부각되면서 환경운동에서 교육운동 으로 무게 중심을 이동하여 영역을 확장해가는 유형으로 [그림 7]과 같이 나타낼 수 있다. 이들은 초기에는 다른 유형과 마찬가지로 환경운동의 다양한 방식 가운데 하나로 환경교육을 경험하게 된다. 그 과정에서 운동 방식뿐 아니라 운동 전반, 개인 생애 전반에 대한 성찰의 기회가 주어진다거나, 운동의 근본적 역할에 대해 고민하게 되는 경우, '자기기준의 변화'나 '수준의 변화'를 넘어서는 정체성의 '구조의 변화'를 경험하게 되면서 운동의 구심점을 '교육'을 중심으로 재편하게 되는 것이다. 그런데, 이들이 교육을 중심으로 재편하더라도 '운동 내에서' 고민하기 때문에, 교육가보다는 교육운동가로의 특질과 정체성을 갖게 되는 것이다. 대신에 이들의 교육운동은 '환경'의 가치나 범위 안에만 머무르진 않는다. 이들은 환경운동을 넘어서 평화운동, 다문화운동, 가치교육운동, 대안교육운동, 교육공동체운동 등으로 운동의 범위를 확장해가게 된다.

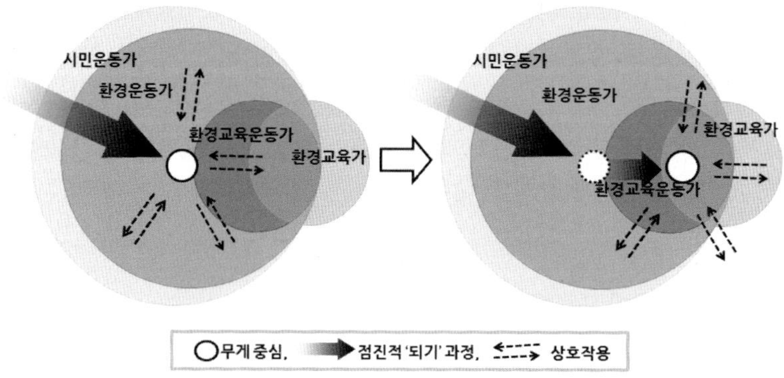

[그림 7] 확장형 : 환경운동에서 교육운동으로 무게중심 이동·확장하기

문용포의 경우, 운동참여과정에서는 교육중심활동을 하는 '집중형'의 과정을 거쳐 자신의 운동적 전망과 운동방식에 대한 근본적인 성찰을 토대로 '확장형'으로 변화해간다. 그는 그가 설립한 곶자왈작은학교를 "자연을 위한 학교, 평화를 위한 학교, 여행을 하는 학교, 자연 속에서 자연을 이해하는 학교, 마을 속에서 마을을 이해하는 학교, 작음 속에서 뭔가 배우고 깨우치는 학교, 아이들이 행복한 학교, 행복한 사회를 꿈꾸는 학교"라고 소개한다. 그는 환경적 가치를 가르치는 것도 중요하지만 그것을 전면에 내세우지는 않는다. 그는 교육이 아이들에게 작은 행복을 줄 수 있고, 가능성을 펼칠 수 있는 세상의 변화를 위한 작은 진지가 되었으면 한다. 그래서 그는 아이들과 배려, 여유, 행복, 희망, 믿음 등을 생각하는 가치여행을 떠나며, 서로에게 양보하고 배려하는 것을 배우는 '덕 쌓는 축구'를 하기도 한다. 그는 자신을 '운동하는 교사'가 되고 싶다고 말한다.

> 여기에 오는 아이들도 행복했으면 좋겠고, 그리고 그런 행복한 생활을 통해서 행복한 사회를 좀 꿈꾸고 만드[는], 고민하는 이런 학교가 됐으면 좋겠다, (…) 아이들한테는 작은 숲이라도 됐으면 좋겠다. 뭔가 위로 받기도 하고, 여기 와서 풀어내기도 하고, 그러면서 조그마한 행복을 느끼기도 하고, 뭔가 가능성을 꿈을 키우는… 이런 작은 숲이 될 순 없을까… (…) 우리가 세상의 변화를 위한 작은 진지… (문용포 2차, 18~19면)

문창식의 경우 15년 넘게 해온 환경운동을 정리하면서 근본적인 운동으로 교육운동을 택했고, 관심을 가져온 대안교육과 지역공동체운동, 다문화운동, 생명평화의 가치를 통합하는 '간디문화센터'를 설립하였다. 그는 마을 공동체를 중심으로 소통하고 배려하고 보살피며 자연과 교감하는, 그래서 생명과 평화, 나눔의 가치를 마을공동체를 통해 실현하는 것이다. 그는 사랑하고 배려하는 삶, 그래서 행복한 삶을 자녀들에게 보여줄 수 있는 것이 진짜 교육이라고 이야기한다. '삶 자체가 교육'이라고 생각하기 때문이다. 그는 운동과 개인의 성찰을 통해 다음 운동으로 '행복한 운동가', '실천하는 운동가'가 될 수 있는 운동을 선택했다. 연구자는 이를 '확장형'이라고 보았다.

이외에 '일치형'이나 '집중형'의 모습을 보여주는 구술자들의 경우도 범위나 정도는 다르지만, 운동의 가치나 지향에 있어서는 '확장형'의 모습이 나타나고 있었다. 예컨대, 이들은 현실적으로 환경운동 혹은 환경교육운동 영역 내에서 운동을 해나가고 있지만, 궁극적으로 생명, 평화, 행복, 공동체적 삶 등을 지향하고 있었다. 이처럼 '이념형'은 한 사람에게서 여러 이념형들이 함께 나타나지만, 그 가운데 두드러지게 나타나는 이념형을 그 사람의 정체성과 특질로 이해할 수 있다.

지금까지 환경교육운동가의 정체성 변화를 중심으로 나타나는 이념형을 유형별로 파악해보았다. 다음 〈표 7〉에는 환경교육운동가의 정체성 변화 유형에 따라 구술자들이 활동하고 있는 활동 단체의 유형과 특징을 정리해보았다. 사회운동에서 집단 정체성은 개인 정체성을 흡수하려는 성격을 가지기 때문에 단체의 특성은 개인의 정체성에 영향을 미칠 수밖에 없다. 또한 개인 은 자신의 정체성과 맞는 단체를 만들거나 찾아가게 되기 때문에, 어떤 단체에서 활동하고 있는지를 살펴보는 것은 정체성과 특질을 이해하는 데 도움이 될 수 있다.

〈표 7〉 환경교육운동가의 정체성 변화와 활동단체 유형

	활동단체 유형	활동단체 특징
일치형	교육중심 환경단체	지역기반 풀뿌리 환경단체, 전문환경단체
집중형	전문 환경교육단체	교육센터형, 전문환경단체의 독립된 팀
확장형	교육시민단체	지역 기반형, 공동체형, 대안교육형, 사회적 기업형

〈표 7〉에서 볼 수 있듯이, '일치형'은 교육중심환경단체, 환경운동의 지향을 그대로 지니면서 교육적 기능이나 접근을 중시하는 운동방식을 택하는 지역기반 풀뿌리 환경단체와 전문 환경단체의 교육중심활동을 통해 강하게 나타나며, '집중형'은 전문환경단체들에서 독립된 팀의 형태로 나타나거나 전문교육기관으로 분화해가는 모습으로 나타난다. '확장형'은 환경단체의 범위를 벗어나 공동체 혹은 마을을 기반으로 하는 대안형 교육단체의 형태를 띠게 되며, 무형식 영역으로의 확장으로 사회적 기업 등의 형태로 나타나기도 한다. 이처럼 환경교육운동가들에게서 나타나는 이념형은 환경교육운동과 속한 단체의 성격, 즉 환경교육운동의 성격을 어느 정도 대변하고 있다고 할 수 있다.

한편 구술자들 개개인의 정체성 유형을 생애 맥락과 연결시켜보면, 다음 〈표 8〉과 같다. 5명의 구술자들의 이념형에서 명확한 경향성을 찾기는 어렵다. 오히려 각각의 구술자들에게서 나타나는 개별성이 더 의미를 가질 수 있다. 몇 가지 경향성들을 살펴보면, 정체성변화는 환경, 교육, 운동이 부각되고 강화되는 순서보다는 그 시점이나 수준(정도)에 따른 영향을 더 크게 받는 것으로 파악된다. '교육'의 부각이 운동참여 이전이나 초기에 이루어지는 경우, 환경운동영역에서 교육적 고민을 지속적으로 해왔기 때문에, 운동과 교육을

동시에 구현할 수 있는 '일치형'이 강하게 나타난다. 이들은 이후 운동참여과정이 지속되면서 점차 '일치형'에서 '집중형'이나 '확장형'으로 진행되지만, '일치형'을 바탕으로 한 상태에서 다른 이념형을 함께 만들어가고 있는 것으로 파악된다.

<표 8> 구술자들의 이념형의 유형과 변화

	일치형	집중형	확장형	이념형의 변화 (초반 → 중반 → 현재)
여진구	■ ■ ■* ① ~ ③**	■ ① ~ ③	■ ③	일치형, 집중형 → 일치형, 집중형 → 일치형, 집중형, 확장형
문창식	■ ① ~ ②	-	■ ■ ■ ③	일치형 → 일치형 → 일치형, 확장형
김혜애	■ ■ ■ ① ~ ③	■ ■ ■ ③	-	일치형 → 일치형 → 일치형, 집중형
문용포	■ ① ~ ②	■ ■ ■ ①	■ ■ ■ ③	일치형 → 일치형, 집중형 → 확장형
차수철	■ ■ ■ ① ~ ③	■ ■ ■ ③	■ ③	일치형 → 일치형 → 일치형, 집중형, 확장형

* 구술자들에게서 나타나는 이념형을 ■ 로 표시하였는데, **이념형의 수준이나 강도**를 연구자의 기준에 따라 **강(■■)**, **중(■■)**, **약(■)**의 단계로 표시하였다.
** 구술자들에게 이념형이 나타나는 시기를 숫자로 표시하였는데, **이념형의 시기**를 연구자의 기준에 따라 **운동참여과정 초반 ①**, **운동참여과정 중반 ②**, **현재 ③** 으로 표시하였다.

반면에 운동참여과정이 어느 정도 진행된 시점에서 전환적 계기를 통해 '교육'의 부각이나 강화가 진행된 경우에는 '집중형'이나 '확장형'이 상대적으로 강하게 나타난다. 특히 '확장형'은 '일치형', '집중형' 이후에 순차적으로 나타나는 경향이 있다. 한편 '교육'의 강화 수준이 '환경'과 비슷하거나 높지 않은 경우에는 '집중형'이, 그보다 높은 경우 '확산형'이 나타나는 것으로 파악된다.

환경교육운동가의 '이념형'으로 어떤 한 사람을 대체하거나 규정할 수는 없다. 환경교육운동가들에게서 나타나는 이념형은 하나의 유형에 머무르거나 단일한 형태로 나타나는 것이 아니라, 복합적으로 동시에 나타나기도 하고 순차적으로 변화하기도 하기 때문이다. 분석적 구성물로서의 이념형은 다원성을 갖는다. 따라서 연구자의 새로운 관점에 따라 전혀 다른 이념형으로 해석될 수 있다.

2. 환경교육과 환경운동의 관계 인식

환경교육운동가의 정체성과 특질은 '환경교육과 환경운동의 관계 인식'에서 잘 드러난다. 구술자들의 구술을 토대로 환경교육과 환경운동의 관계 인식을 나타내는 내용들을 이념형의 유형에 따라 〈표 9〉에 나타내었다. 본 절에서는 이러한 관계 인식 경향에 중점을 두어, 환경교육운동가들의 정체성과 특질을 각각의 이념형에 따라 살펴보았다.

첫째, '일치형'으로 나타나는 환경교육운동가는 '교육이 곧 운동이다' 혹은 '환경운동의 모든 과정이 환경교육이다'는 신념을 가진다. 환경운동 자체가 사람들을 설득하고 인식을 변화시켜 사회를 변화시켜간다는 차원에서 보면 환경교육이기도 하다는 것이다. 이들에게 환경교육은 환경운동의 수단이자 목표이며, 필수과정이기도 하다. 이들은 둘 간의 통합을 지향하지만 현실에서는 환경교육과 환경운동이 분리되는 양상으로 나타날 수 있다고 생각한다. 때문에 '집중형'과 함께 나타나는 경향이 있다.

<표 9> 환경교육운동가의 환경교육과 환경운동의 관계 인식

이념형	환경교육과 환경운동의 관계 인식	관련 주제어	
일치형	• 교육이 곧 운동 • 운동의 필수과정 • 수단이자 목표 • 통합 추구(이념형)	• "환경운동의 모든 과정이 교육이죠." • "교육이자 운동" • "환경교육을 통해 환경운동을 다 풀어낼 수 있지."	• "모든 환경운동가는 환경교육운동가가 아닌가 싶어요." • "구분할 필요가 있을까?"
집중형	• 교육이란 형태의 환경운동, 여러 가지 운동 영역 중 하나 • 선택과 구분의 양상(현실태)	• "내가 잘 할 수 있는 운동 방식" • "교육은 운동의 중요한 전략"	• "교육적 소양을 갖춘 운동가"
확장형	• 본질적 접근	• "삶 자체가 교육이니까"	• "운동하는 교사" • "뭐라 불리든 상관없어"

이들의 운동 방식은 운동 전략에 따라 환경교육과 환경운동을 넘나들기도 한다. 즉, 교육적 접근과 정책적 접근을 병행하는 경향이 있다. 운동 방식의 차이는 존중하지만, 운동의 지향은 같다고 보기 때문에 운동과 교육을 분리시키는 것이 아니라 '운동을 교육적으로 이해하고, 교육을 운동적으로 이해'하는 것이 필요하다고 생각한다. 이러한 경향들은 새로운 정체성을 기획하거나 저항하기보다 자신의 환경운동가이자 환경교육가로서의 정체성을 정당화하는 경향으로 해석할 수 있다. 이들의 정체성 변화는 환경운동 영역 내에서 우선순위나 중요도가 변하는 '자기기준의 변화'가 가장 잘 나타난다.

둘째, '집중형'으로 나타나는 환경교육운동가는 '교육은 운동의 중요한 전략이자 방편' 혹은 '내가 잘할 수 있는 운동방식'으로 인식하는 경향이 있다. 이들은 교육중심환경운동 혹은 전문 환경교육운동의 모습으로 전문적인 운동을 구현해간다. 이들에게 환경교육은 환경운동의 한 영역이자, 환경교육의 한 영역이다. 이들은 운동의 가치나 철학은 교육을 통해 구현될 수 있으며, 구현될 수 있어야 한다고 믿는다. 이들은 기존 운동 방식에 대한 회의, 좌절, 피로감을 느끼고,

새로운 운동 방식으로 교육운동을 택한 경우이다. 이들은 교육과 운동의 통합을 지향하기 때문에 다양한 운동영역을 지지하지만, 운동의 구현에 있어서는 자신에게 잘 맞거나 효과적이라고 생각되는 운동 방식을 전략적으로 선택하고 전문성을 키워나간다. 이들의 정체성 변화는 '일치형'과 마찬가지로 환경운동 영역을 벗어나지 않는 '수준의 변화', '자기기준의 변화' 차원에서 진행되는데, '일치형'에 비해 특질이나 우선순위에 대한 변화의 정도가 더 크다고 볼 수 있다.

셋째, '확장형'으로 나타나는 환경교육운동가는 '가장 본질적인 접근의 운동은 교육'이며 '교육은 삶 자체'라고 생각하는 유형이다. 이들은 환경운동의 영역을 넘어서는 넓은 범주의 가치 지향을 갖는다. 이들은 스스로 근본적인 접근으로 생각하는 교육운동의 방식을 취하면서, 공동체나 지역에 기반을 둔 대안적 삶의 구현에 초점을 둔다. 사회구조적인 거대한 변화보다는 개인 삶의 변화를 중심으로 가정과 이웃, 공동체와 지역에 보다 무게를 둔다. 운동의 내용은 환경의 범주를 초월한 생명, 평화, 다문화, 여성 등의 범주로 확장된다. 이들은 운동과 개인 생애에 대한 성찰의 기회가 주어졌을 때, 운동의 구심점을 '교육'으로 재편하기 때문에 환경운동 안에서만 머무르지 않고 교육운동의 영역까지 확장해가는 정체성의 '구조의 변화'로 진행된다.

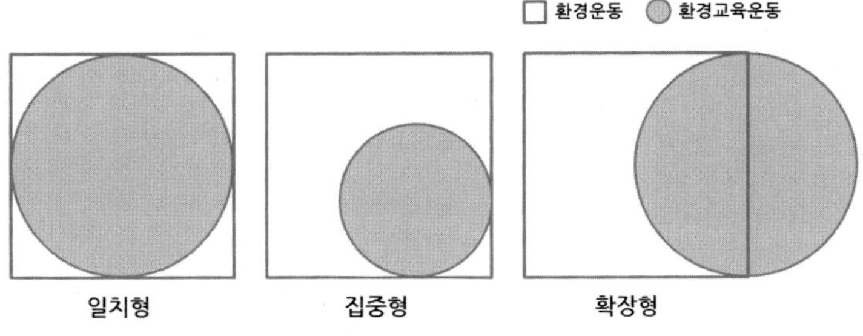

[그림 8] 이념형에 따른 환경운동과 환경교육운동 관계 인식 모형

　이상에서 살펴본, '환경운동과 환경교육의 관계' 인식경향을 중심으로 각각의 이념형을 도식화하면, [그림 8]과 같이 나타낼 수 있다. 이 그림에서 볼 수 있듯이, '일치형'은 '환경교육이 곧 환경운동'이라고 생각하는 유형으로, '환경교육=환경운동'보다는 '환경교육⊂환경운동'에 가깝다. '집중형'은 '환경교육이 환경운동에서 중요한 전략이자 방편'이라고 생각하는 유형으로, '환경교육⊂환경운동'으로 표현할 수 있다. 이들은 환경교육을 환경운동 영역 내에서 고민하기 때문에, '자신이 잘할 수 있는' 혹은 '전략적으로' 환경교육운동을 선택하고 집중해간다. '확장형'은 '운동의 근본적이고 본질적인 접근은 교육을 통해서 가능하다'고 생각하는 유형이다. 이들은 환경교육운동을 환경교육과 환경운동의 관계보다는 '교육운동이자 환경운동' 차원에서 생각한다. 때문에 이들은 환경운동 영역에서 머무르지 않고, 교육운동 영역으로 무게중심을 옮겨 운동영역을 확장해간다.

　이러한 환경교육운동가들이 어떤 정체성과 특질을 가지는가 하는 문제는 어떤 모자를 쓰느냐의 문제로 비유될 수 있다.[39] 앞서 살펴본 환경교육운동가들의 이념형은 John(1977)이 제시한 두 개 모자(직함) 이론의 수사적 표현을 빌려 설명해보면, 환경교육운동가들이 '환경운동가'와 '환경교육가'라는 두 개의 모자를 자신의 신념과 성향에 따라 각자의 방법으로 쓰고 있다고 본다면, 이를 어떻게 쓰느냐에 따라 서로 다른 이념형이 나타나게 된다고 볼 수 있다. '일치형'의 경우는 '두 개의 모자를 함께 쓰는 유형'으로 비유될 수 있다. 이들은 환경운동가와 환경교육가라는 두 개의 정체성을 함께 갖는 경

---

39) John(1977)는 환경보호론자와 환경교육가의 두 개 직함을 갖는 것을 설명하기 위해 '두 모자 이론'을 제시한 바 있다. 여기서 '모자'는 직함으로 해석된 바 있는데, 본 연구에서 이야기하는 하나의 특질을 가진 정체성으로 이해될 수 있다. 그는 대부분의 환경교육가들이 환경보호론자이긴 하지만 각각은 다르며, 이들은 각각의 역할과 의무에 충실해야 함을 강조하였다. 특히 환경교육가는 환경보호론자가 될 수 있는 권리와 의무가 있지만 가치중립적이어야 함을 강조하였다.

우이다. '집중형'의 경우는 '두 개 모자를 번갈아 쓰되, 이 중 더 마음에 드는 모자를 쓰는 유형'으로 볼 수 있다. 마지막으로 '확장형'의 경우는 '두 개 모자의 특질을 함께 갖는 새로운 모자를 만들어 쓰는 유형'으로 이해할 수 있다.

지금까지 이념형의 분석을 통해 환경교육운동가의 정체성과 특질의 일면을 파악해보았다. 연구결과를 토대로 최근 진행한 구술자와의 추가 면담에서 한 구술자는 이러한 정체성 변화와 형성 과정은 '현재진행형'임을 강조했다. 앞으로의 생에서도 지속적으로 성찰과 반성, 변하의 과정을 겪게 될 것이며, 그 과정에서 이들이 생각하고, 지향하며, 구현해 갈 운동의 모습은 또다시 달라질 수 있다는 것이다. 마찬가지로 환경교육운동가들에게서 나타날 수 있는 이념형은 이들의 생활세계가 지속되는 한 '현재진행형'이다. 이념형은 정체성 변화의 '과정'이자 '결과'이며, 본 연구에서는 환경운동가에서 환경교육운동가로의 전환적 경험을 통해 획득된 '정체성이자 특질'로 이해될 수 있다.

교육과 운동,
그리고 환경교육운동

교육과 운동의 맥락에서 본 환경교육운동

1. 환경교육운동의 위치

우리나라에서 환경교육은 보편적으로 '제도권'을 기준으로 제도권 안에서 이루어지는 '학교 환경교육'과 제도권 밖에서 이루어지는 '사회 환경교육'으로 구분해왔다(박태윤 외, 2001). 국제적으로는 '제도권'과 '짜임새와 질서'를 기준으로 제도권 안에서 이뤄지는 짜임새와 질서를 갖춘 '형식교육(formal education)', 제도권 밖에서 이뤄지는 짜임새와 질서를 갖춘 '비형식교육(nonformal education)', 제도권 밖에서 이뤄지는 짜임새와 질서가 없는 '무형식교육(informal education)'의 구분이 가장 보편적으로 사용되고 있다(최우석, 2009).[40] 운동의 맥락에서 보면, 환경운동에서 운동방식의 하나로, 사회운동에서는 교육운동 혹은 교육 시민운동의 주제영역의 하나로 환경교육이 진행되어 왔다.

---

40) 환경교육의 범주에서 informal education과 nonformal education은 우리나라에서 각각 무형식, 비형식 교육으로 해석이 혼용되고 있다. 본 연구에서는 교육계 전반에서 informal이 무형식으로 해석되고 있는 것을 감안하여 informal을 무형식, nonformal을 비형식 교육으로 해석하였다.

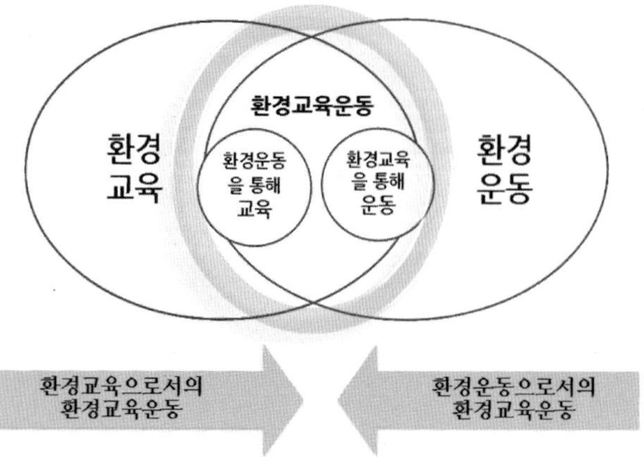

[그림 9] 환경교육운동의 위치

본 연구는 교육의 맥락에서 사회 환경교육 혹은 무형식과 비형식 영역에 속하면서, 운동의 맥락에서 환경교육과 교육 시민운동의 하나의 방식이자 주제영역에 해당하는 환경교육운동, 즉 '운동적 성격을 내재한 시민환경단체의 환경교육'에 관한 것이다. 환경교육, 환경운동, 교육 시민운동의 관계를 매개하는 복잡한 위치에 있는 '운동적 성격을 내재한 시민환경단체 주도의 환경교육'을 본 연구에서는 '환경교육운동'이라 조작적으로 정의하였다.

이처럼 여러 영역에 거쳐 중층적 위치에 있으면서, 환경교육과 환경운동의 매개이자 공통의 성격을 내재한 환경교육운동의 본격적 논의를 위해서는 본원적 특질을 이해하는 것이 필요하다. 이를 위해 〈표 10〉에는 환경교육, 환경운동, 교육 시민운동 속에서 환경교육운동의 위치를 나타내었다. 또한 〈표 10〉에 제시한 내용 가운데 '관점과 성격'을 기준으로 한 다이어그램을 [그림 9]에 별도로 도식화하였다. 위의 [그림 9]에서 보듯이, 환경교육운동은 크게 교육과 운동의 두 가지 맥락에서 접근할 수 있다.

<표 10> 환경교육운동의 위치

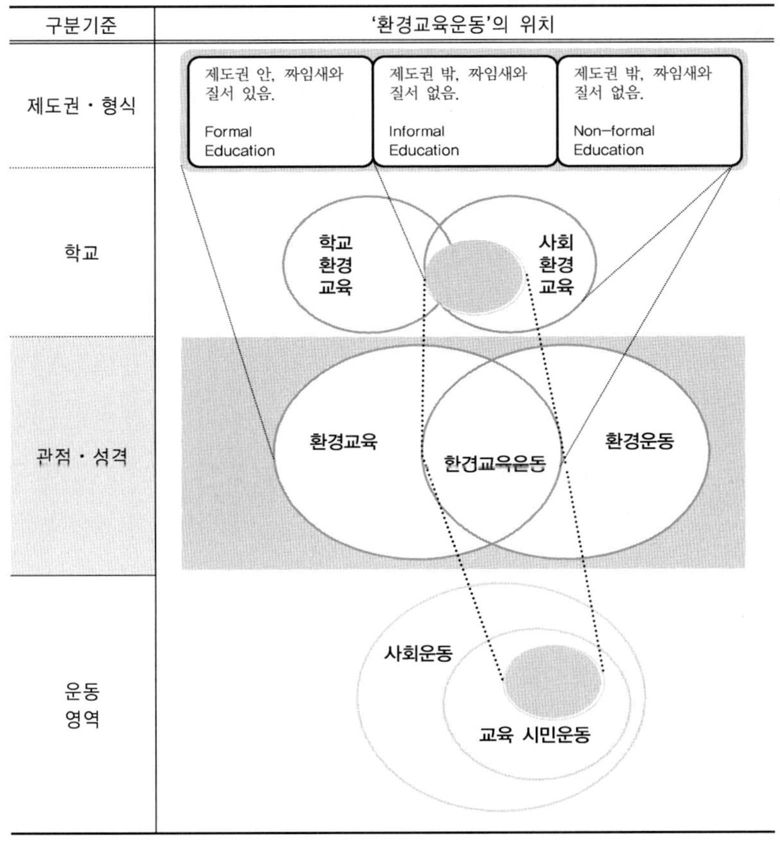

다시 말해, 교육의 맥락에서는 환경교육운동이 교육학에서 환경 문제를 다루기 시작하면서 생겨난 '환경교육으로서의 환경교육운동' 과 운동의 맥락에서는 환경문제 해결을 위해 생겨난 '환경운동으로서의 환경교육운동'으로 이해할 수 있다. 이러한 과정을 통해 형성된 환경교육운동은 '환경운동을 통해 교육'하는 유형과 '환경교육을 통해 운동'하는 두 가지 이상의 유형이 존재하게 된다.[41] 전자의 경

---

41) 이외에도 지향에 따라 교육과 운동의 긴장관계 속에서 어느 지점에 위치하는 다양한 유형이 존재할 수 있지만, 여기에서는 대표적인 두 가지 유형의 논의로 한정하고자 한다.

우에는 환경교육의 성격에 가까우며, 후자의 경우는 환경운동의 성격에 가깝다. 때문에 이들은 편의에 따라 환경교육으로 분류되기도 하고, 환경운동으로 분류되기도 한다. 실제로 환경교육운동의 주체인 환경교육운동가들은 환경교육을 하기 위해 환경운동에 참여하게 된 유형, 즉 '환경운동을 통해 교육'을 하고자 하는 유형과 환경운동을 잘하기 위해 환경교육에 전념하게 된 유형, 즉 '환경교육을 통해 운동'을 하고자 하는 유형이 존재한다. 그러나 각 유형의 정체성과 특질은 운동 참여과정에서의 상호작용을 통해 한쪽에 머무르지 않고 변화하면서 하나의 특질을 형성해간다.

2. 환경교육운동의 성격

이처럼 환경교육운동은 환경교육, 환경운동, 교육 시민운동과 관계하는 중층적 위치에 있으면서, 다양한 성격을 내재한다. 때문에 이러한 복잡한 관계 속에서 긴장관계로 표상되기도 한다. 여기서는 환경교육운동이 교육과 운동 각각의 맥락에서 어떤 성격과 긴장관계에 놓여 있는지 기존의 논의를 바탕으로 파악해보고자 한다.

남상준(1995)은 환경교육의 취약점은 외생적인 힘에 의해 필요성이 제기된 것이라고 지적한 바 있다. 즉, 환경문제해결을 위한 운동적 목적에서 출발한 환경교육의 태생적 성격이 환경교육의 취약점이 되고 있다는 것이다. 그는 이 때문에 환경교육이 환경운동과 뚜렷이 변별되는 목적과 목표, 내용, 교수학습방법 등을 가지고 있지 못하다고 지적한 바 있다. 또한 운동은 대상이 되는 환경상태가 해결되면 소멸되지만 교육은 소멸될 수 없고 소멸되어서는 안 된다고 강조하면서, 장기적 효과와 심층적 내면화를 지향하는 환경교육은

즉시적 효과와 효율성을 중시하는 환경운동과 구별되어야 한다고
주장한 바 있다. 이는 현재의 상황에서도 설득력 있는 지적이다. 그
러나 과연 이 둘을 구별하는 것이 환경교육의 취약점을 극복할 수
있는 방법이 될 수 있을까? 이 둘의 성격을 내재한 '무엇'이 갖는 의
미는 없는 걸까? 본 연구는 복합적 정체감을 갖는 이 '무엇'을 인정
하는 데서 출발한다. 이 '무엇'을 환경교육운동이라 할 수 있으며,
이는 환경교육과 환경운동의 경계를 아우르고, 양면적이고 복잡한
성격을 가지며, 교육과 운동의 영역에서 하나의 특질을 가지는 교육
운동으로 이해할 수 있다. 환경교육은 그동안 본연의 목적과 목표,
내용을 만들어가면서 성장해왔고, 환경운동 또한 그러하다. 이제는
둘의 구분이나 구별의 차원을 넘어서, 차이를 존중하고 연대하려는
노력이 필요한 시점이다.

■ **교육의 맥락**

환경교육의 맥락

초기의 환경교육은 지구적 환경문제가 점차 심각해지면서 환경문
제해결을 위한 환경 운동적 목적에서 생겨났다는 견해가 지배적이다
(남상준, 1995; 최돈형 외, 2007a; Fien & Gough, 1996; Gough,
1997). 때문에 환경교육은 교육 현장에서 이루어질 때-시민단체의
환경교육이 아니더라도-그 자체로서도 일종의 '지향성'을 갖게 되
고, 이는 '환경교육의 가치지향성(value-oriented)과 가치중립성
(value-fair 혹은 value-free)', '교육과 옹호(Advocacy)', '환경을
위한 교육(Education for Environment)'에 관한 논의로 이어져 왔
다. 이들 논의는 환경교육과 환경운동의 매개 혹은 또 다른 지향으
로 발현되는 환경교육운동의 특질과 위치를 파악하는 데 중요한 근

거가 된다고 볼 수 있다.

환경을 '위한(for)' 교육

환경교육이라는 용어가 사용되기 시작한 것은 1948년에 열린 '자연 및 천연자원보존을 위한 국제연맹(IUCN)' 설립총회로 알려져 있지만(한국환경교육학회, 2003), 현행의 형태를 갖춘 본격적인 환경교육은 1960년대 후반부터 1970년대에 환경문제로 관심이 고조되고 사회적 인식이 증대되면서 그 중요성이 강조되었다(Fien & Gough, 1996; Gough, 1997). 환경교육이 본격화되면서 지금까지, 환경교육의 정의와 본질에 대한 논의와 논쟁은 끊임없이 이어져 왔다.

환경교육 개념에 대한 여러 논쟁 가운데 환경교육의 태생적 특성에서 비롯되는 환경문제해결을 '위한' 교육에 대한 논의는 교육 패러다임의 변화, 교육과 이데올로기, 지속가능발전을 위한 교육에 대한 쟁점들로 구체화되기도 하였다. 더욱이 이들 '위한' 교육은 사회비판적 성격을 가진 사회 환경교육, 특히 환경교육운동에서 두드러지게 나타나는 특성으로 간주되어 온 만큼 구체적으로 짚어 볼 필요가 있다.[42]

Lucas(1972)는 환경교육의 목적과 접근방식으로 자연과학, 생태학, 환경문제를 포함하는 환경에 '대한(about)' 교육과, 자연을 이용한 교육적 접근으로서 '환경 안에서/으로부터(in, from)', 사회, 시민, 정치적 행동을 위한 지식의 창조와 적용을 강조하는 '환경을 위한(for)' 교육으로 개념화한 것이 널리 받아들여져 왔다(Fien & Gough, 1996; Lucas, 1972; Palmer, 1998).[43] 여기서 환경을 '위

---

42) 예컨대, Bertrand와 Valois는 창의적 패러다임으로서의 사회비판적 환경운동은 풀뿌리단체들의 환경교육으로 대표된다고 보았다(Bertrand & Valois, 1992; Sauve, 1996 재인용).

43) 이들 세 요소 중에서 Gough(1987)는 미래에는 환경에 '대한(about)' 배움보다는 환경과 '함께(with)' 살기가 요구될 것이라고 주장하기도 하였다.

한(for)' 교육은 가치중립성과 균형성이 강조되어 오던 기존의 교육에 대한 대안적 접근의 교육으로 강조되면서, 교육의 궁극적 목적과 방식과 관련된 패러다임의 논쟁으로 이어지게 된 것이다.

이 논쟁은 몇몇 사회비판적인 환경교육가들에 의해 시작되었다(Strife, 2010). 이들은 그간의 환경교육이 그다지 성공적이지 않았다고 평가하면서, 그 원인으로 환경교육이 개인의 실제 필요나 사회적 상황에 대해 고려하지 못한 점에 주목하고, 사회비판적 접근의 환경교육으로의 재정향을 주장한 바 있다(Fien, 1993; Huckle, 1983[44]); Mappin & Johnson, 2005). 이들은 환경을 '위한' 교육이 환경문제에 도전할 수 있는 환경교육의 가장 효과적인 방법이며, 환경교육이 사회 구성원 개개인과 공동체가 책임 있는 시민이 되기 위한 역량강화의 몫을 해야 한다고 강조하였다. 최근에는 지속가능발전교육에 국제적으로 힘이 더 실리면서, '환경을 위한 교육'에 대한 논쟁이 환경-경제-사회-문화 등의 맥락 속에서 '지속가능성'을 담보할 수 있는 총체적 접근의 '지속가능성을 위한 교육'으로 옮겨가기도 하였다(Huckle, 1993, 1999; Padilla, 2001; Strife, 2010; Tilbury, 1995). 이들의 주장은 하나의 패러다임으로 형성되었고, 이는 '사회비판적 교육 패러다임'으로 해석되어왔다. 한편에서는 '환경교육의 정치학'이라는 교육정치학적 측면에서 해석되거나(Holsman, 2001), 최근에는 사회정치적 접근으로 녹색교육을 적색과 청색(Red-, Blue-)의 정치적 지향과 연결시켜 해석하는 시도로 진전되기도 하였다(Crouch & Abbot, 2009).

이러한 사회비판적 성격의 '환경을 위한 교육'은 한편으로는 다른 환경교육 연구자들에 의해 지나치게 정치적이며, '환경교육인가 환경이데올로기인가' 하는 비판에 직면해 있다. 예컨대, Jickling과

---

44) Strife(2010) 재인용

Spork(1998)는 '환경을 위한 교육'은 교육을 사회변화를 위한 도구로 본다는 비판이 존재한다고 언급하였고, Jickling(2003)은 교육과 훈련의 차이를 언급하면서 환경교육이 특정 정책이나 관점을 옹호하는 것을 경계해야 한다고 주장하였다. Disinger(1999)[45]와 Sanera(1998)는 정부나 NGO에 의해 개발된 교수자료가 편향되는 경우가 있음을 지적하면서 교육이 수단화되면서 교육 자체가 지닌 가치가 간과되어서는 안 된다고 주장한 바 있다. 이러한 주장들은 교육을 받는다는 것은 선동, 주입, 이데올로기에의 저항을 의미하여, 교육자는 환경교육에서 과학적, 윤리적, 감성적, 정치적 논쟁들을 구분할 수 있어야 한다는 주장들과 함께, 교육 자체의 본질을 회복해야 한다는 논의로 진행되기도 하였다(Mappin & Johnson, 2005; McLaren, 1993).

이러한 논쟁은 그 자체가 환경교육에서 강조하는 비판적 사고와 체계적 사고를 증진시킬 수 있다는 측면에서 의미가 있다. 논의를 주도해 온 몇몇 학자들은 다양한 환경교육 개념에 대한 비판적 성찰, 토론, 토의 등을 진전을 위한 연료로 인식하면서, 이들 명료화 과정이 교육가가 명확한 환경교육의 이론을 만들어가는 데 도움을 준다고 언급한 바 있다(Sauve, 1996; Plant, 1995; Gonzalez- Gaudiano, 2006). 환경교육가들이 환경교육에 대해 진지하게 돌아볼 수 있는 훌륭한 교육적 과정이 될 수 있기 때문이다. 따라서 논의를 열어둠으로써, 결정론적 시각보다는 이론과 실천 속에서 개인의 필요나 사회적 상황에 따라 '변화' 될 수 있는 여지를 남겨둘 필요가 있다. 또한 그 변화의 과정에서 차이가 존중되는 것이 중요하다.

이상에서 살펴본 '환경을 위한 교육'에 대한 논의는 교육적 맥락에서

---

45) Mappin & Johnson(2005) 재인용

환경교육운동의 성격을 이해하는 데 있어서 몇 가지 시사점을 준다.

먼저 '환경을 위한 교육'에 대한 비판에서도 '변화/변혁지향성' 자체를 문제 삼지는 않는다는 점을 주목할 필요가 있다. '환경을 위한 교육'은 책임 있는 시민을 양성하고 공동체의 회복을 통해 환경위기를 극복해가는 데 있어서 효과적인 접근이며, 환경교육의 본질적 특성인 미래 지향적, 개혁 지향적 교육으로서 '위한' 교육의 '변화/변혁지향성'은 앞으로도 강조될 것이다. 따라서 '사회비판적이며 변혁지향성을 강하게 갖는 환경교육'을 교육의 영역에서 분리하거나 구별해내기보다는 환경교육의 일정한 특질을 강하게 드러내는 형태의 환경교육으로 이해하는 것이 바람직하다.

그렇다고 해서 모든 교육이 '환경교육에 대한 교육'만을 강조하거나 '환경을 위한 교육'만을 강조해야 한다는 것은 아니다. 환경에 대한/안에서의/위한 교육은 상호보완적인 속성을 갖기 때문에, 몇몇 학자들이 강조하듯이 이들 세 요소는 동시에 혹은 상호보완적으로 나타나야 하는 필수적 요소들로 인식할 필요가 있다. 다시 말해, '사회비판적이며 변혁지향성을 강하게 갖는 환경교육'도 '환경에 대한 교육'과 '환경 안에서 교육의 속성'을 내재할 수 있도록 통합적 접근이 중요하다고 할 수 있다. 결과적으로 '환경에 대한/안에서의/위한 교육의 통합적 차원의 목적을 추구하되, 사회비판적이며 변혁지향성을 강하게 갖는 환경교육'이 존재하고 있으며, 환경교육운동은 이러한 환경교육에 가깝게 위치해 있다고 할 수 있다.

환경교육 패러다임의 변화[46]

앞서 살펴본 '환경을 위한 교육'의 논의는 환경교육 패러다임의 변화와 깊이 연관된다. 먼저 Gough(1987)는 형식 교육을 점유하고 있던 물질적, 개별적 세계관과 인식론적 패러다임이 교육을 위한 '생태적 패러다임으로 전환'되어야 함을 주장하였다. 여기서 생태적 패러다임은 인간세계와 생태계를 대등한 위치에서 보는 생태적 세계관을 중심으로 모든 교육 분야를 새롭게 구상하여야 한다는 것이다. 한편 Bertrand와 Valois(1992)는 사회문화적 패러다임과 관련된 교육적 패러다임을 기초로 환경교육의 담론을 유형화하였다.[47] 사회문화적 패러다임으로서 산업주의, 실존주의, 공생주의로 구분하고 이와 관련한 교육적 패러다임으로 각각 미리 결정된 지식을 전달하는 '합리적(rational) 패러다임', 여러 영역이 최상의 발달을 이루는 목표를 가진 '인간적(humanistic) 패러다임', 사회변화를 위한 지식의 비판적 구성으로서의 '창의적(intensive) 패러다임'을 제시하였으며, 이 가운데 창의적 패러다임은 '사회비판적 환경교육'과 '공생주의'와 연관시켜 설명한 바 있다(Bertrand & Valois, 1992; Sauve, 1996 재인용). 이들 논의는 공통적으로 기존의 전통적 교육 패러다임에 대한 새로운 대안적 패러다임-창의적, 비판적, 생태적 패러다임 등-으로의 전환을 강조하고 있다. 이러한 새로운 흐름들은 전체적 접근을 취하여 인간, 사회, 환경을 포괄하거나 포함시키는 노력,

---

46) 사회과학연구에서 통상적으로 사용되는 패러다임의 정의는 쿤(Kuhn, T. S., 1962)의 개념에 기반을 둔다. 그는 '패러다임' 개념은 두 가지로 의미로 사용하였는데, 그가 말하는 패러다임은 '특정 집단 구성원들이 이미 공유하고 있는 신념, 가치, 기법 등의 전체 구성체'이며, 다른 한편으로는 '그 구성체 내의 한 가지 요소를 지칭하는데, 이는 모델이나 범례로 사용되어 정상 과학에 남아 있는 퍼즐을 푸는 근거로서의 명백한 규칙을 대체할 수 있는 구체적인 퍼즐 풀이'로 설명하고 있다. 그는 과학발전의 역사를 설명하면서, 기존의 과학이 새로운 패러다임을 갖는 정상과학의 전통을 수립→변칙성과 위기의 출현→과학혁명의 변증법적 과정으로 해석하면서 패러다임 개념을 중요한 의제로 등장시켰다.
47) Sauve, L.(1996) 재인용

관계성을 중시하는 패러다임으로, 예정되거나 고정돼 있기보다는 역동적이고 능동적인 패러다임으로의 변화라는 점에서 주목할 필요가 있다. 또한 이들 논의 자체가 변화 지향적이고, 역동적인 교육의 특성을 반영하고 있다는 점도 의미를 찾을 수 있다. 이들 교육 패러다임 논의는 Robottom과 Hart(1993)에 의해 제시된 실증적, 해석적, 비판적 패러다임이라는 세 가지 환경교육의 관점과 견해를 가진 패러다임으로 정리되었다(〈표 11〉 참조).

이들 세 가지 패러다임 논의는 우리나라를 비롯한 많은 환경교육자들에 의해 환경교육 패러다임의 변천과정을 이해하는 데 주요하게 받아들여졌다(노경임, 1999; 서태열, 2003; 이순철·최돈형, 2010; 최돈형, 2007; Palmer, 1998). 이에 따르면(Robottom & Hart, 1993), 전통적 환경교육은 실증주의에 근거한 '환경에 관한' 교육이 주를 이루어 사실적 지식의 수용을 강요하였다면, 이에 대한 대안적 패러다임으로 해석적, 비판적 패러다임이 등장했다.[48]

---

48) 여기서 '해석적' 패러다임은 환경 '안에서의/으로부터' 교육에 중점을 두게 되며, 이는 개인의 사고체계 안에서 조직되는 추상적 존재들로 구성되는 구성주의에 근거하게 된다. 또한 '비판적' 패러다임은 환경을 '위한' 교육에 중점을 두며, 환경에 관한 의사결정능력을 강조하면서 특정 이데올로기의 주입이 아닌 새로운 이데올로기에 대한 의식 향상을 추구하는 패러다임이다.

<표 11> 환경교육의 세 가지 표상(Robottom & Hart, 1993, pp.26)

		실증적 (Positivist)	해석적 (Interpretivist)	비판적 (Critical)
목적	환경교육의 관점	'환경에 대한(about)' 지식	'환경 안에서의(in)' 활동	'환경을 위한(for)' 행동
	교육적 목적	직업적	자유적/진보적	사회 비판적
	학습이론	행동주의	구성주의	재구성주의
역할	환경교육 목표	외부에서 주어진 당연한 것	외부에서 유입되나 종종 타협적인	비판적인(이데올로기적 표상으로)
	교사	지식의 권위자	환경 안에서의 경험의 조직자	협력적 참여자/탐구자
	학습자	지식의 수동적 수용자	환경 경험을 통한 능동적 학습자	새로운 지식의 능동적 창조자
	교육과정 지원자	환경문제의 준비된 해결책의 보급자	학습자 환경의 외부 해설자	새로운 문제해결 네트워크의 참여자
	텍스트	환경에 대한 권위적 지식의 출처	환경경험에 대한 안내의 출처	비판적 환경탐구 결과의 보고서
지식과 권력	지식에 대한 관점	필수적 _전문가들로부터 유래 _체계적, 개인적, 객관적	직관적 _경험에 의해 유래 _반구조적, 개인적, 주관적, 직관적인 것	창조적/발현적 _환경쟁점 탐구로부터 유래 _기회주의적, 협력적, 변증법적
	조직원리	학문	개인 경험	환경 쟁점
	권력 관계	권력관계 강화	권력관계에 양면성	권력관계에 도전
연구관	연구 성격	응용과학, 객관적, 도구적, 양적, 비맥락적/개인적, 결정론적	해석학적, 주관적, 구성주의, 질적, 맥락적/개인적, 계몽적	비판적 사회과학, 재구성주의, 질적, 맥락적/협력적, 해방적
	연구 설계	예정된/고정된	예정된/반응적	협상적/발현적
	연구자	외부 전문가	외부 전문가	내부 참여자
	주요 사례	Hungerford, Peyton and Wilkie(1983)	Van Matre(1972)	Elliot(1991)

이들의 해석은 특징적 형태의 환경교육이 각각 어떤 의미를 갖으며, 어떤 사회적 맥락에서 일어나는지 설명하고 있다는 점에서 의미를 갖는다. 그런데 여기서 환경교육의 세 가지 접근들이 단절적 혹은 분절적으로 수행되거나 역할분담의 차원으로 이해되는 것은 경계해야 한다. 예를 들면, '대한'교육은 학교에서, '위한'교육은 사

회에서와 같은 이분적인 전략을 지양해야 한다는 것이다. Robottom
과 Hart(1993)의 패러다임 변화 모형은 실증주의 패러다임이 해석
적 혹은 비판적 패러다임으로 대체되었다고 해석될 경우, '환경에
대한 교육'에서 '환경교육 안에서의 교육' 혹은 '환경을 위한 교육'으
로 전환되는 것으로 해석될 여지가 있다. 몇몇 학자들이 강조하듯이
패러다임 변화는 앞선 패러다임과 이후의 패러다임이 서로 영향을
주고받는다는 측면을 적극적으로 해석할 필요가 있다.

이들 패러다임에 대한 후속 논의 또한 활발히 진행되었는데, 그
가운데 Palmer(1998)가 제시하는 환경교육의 통합모형은 앞선 여러
논의들을 어느 정도 수렴하고 있다. 그는 세 가지 접근의 환경교육
의 통합과 적절한 '균형'을 강조하였다. 여기서 '균형'은 환경을 '위
한' 교육만을 지나치게 강조하는 것은 바람직하지 못하며, 환경에
'대한', 환경 '안에서의' 교육이 사회적으로 비판적인 교육 안에서 진
행되어야 한다는 주장을 담고 있다. 이런 점에서 그의 주장은 결국
통합적 안목에서 '환경을 위한 교육'으로의 수렴을 정향하고 있다고
평가할 수 있다([그림 10] 참조)(서태열, 2003).

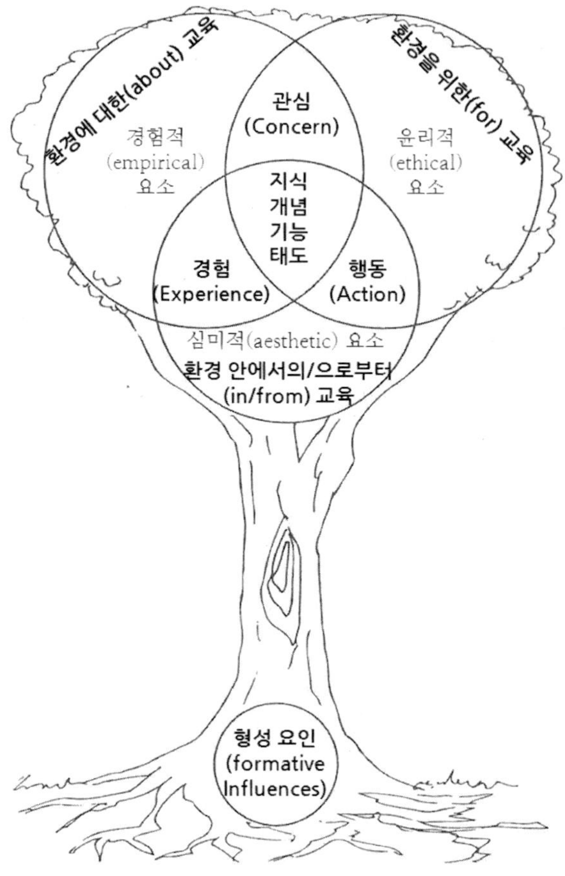

[그림 10] 환경교육의 교수학습 모델(Palmer, 1998)

　　Palmer(1998)의 통합 모델은 환경교육 교육과정을 계획할 때 개인적 '경험(experience)'의 확장, 개인적 '관심(concern)'의 개발, 개인적 '행동/실천(action)'의 촉발 등의 노력이 학습과정에 반영되어야 하고, 환경교육은 교육 이전에 이미 그들의 삶의 경험이나 소양과 같은 형성 영향들의 토대 위에서 이해되어야 한다고 강조하고 있다. 그가 제시하고 있는 환경교육의 세 가지 접근을 완성시키는 '관심', '경험', '행동/실천', 그리고 그 토대로서의 '형성 요인들'에 대한 제안은 '의미 있는 삶의 경험' 연구에 대한 비판적 논의에서 주로 언급되는 '맥락적 고려'에 대한 문제해결의 실마리를 제공해 준다는 점에서도 중요한 의미를 갖는다.[49]

한편 환경교육 패러다임의 변화에 관해서는 국내 학자들에 의해서도 논의되었다. 최돈형(2007)은 학교 환경교육의 패러다임을 논하면서, 환경교육이 실제 현실에서 환경문제 해결에 관심을 가지며 학생들의 직접적인 참여를 목적으로 실제 사건과 현상의 맥락적 해석을 중시했다. 예컨대, 실증적 교육이론보다 해석적 혹은 비판적 교육이론에 기초를 두고 있으나 실제 현장에서 실시된 환경교육 연구는 1980년대까지만 해도 실증주의적인 것이 대부분이었다는 것이다. 그는 학교 안으로 들어오기 전의 환경교육은 실생활 중심, 학생 중심, 맥락 중심의 성격을 띠었지만, 학교 안으로 들어오면서 본래의 속성을 상당부분 잃어버리고 실증주의적 속성으로 변질되었다고 보았다. 그러면서 그는 실증주의에서 벗어나 해석주의 혹은 비판주의로 나아가야 한다는 점을 강조하였다. 이를 위해서는 전통적인 교육에 대한 재평가와 다양한 문화, 사회, 정의, 평화, 평등 등에 대한 고려가 필수적이며, 실제 세계와 실제 쟁점에 참여할 수 있도록 하며, 환경, 사회, 경제, 문화, 세대 등 다양한 많은 요소를 통합적으로 고려할 필요가 있음을 강조한 바 있다. 이어 이순철과 최돈형(2010)은 한국 환경과 교육과정의 패러다임 변화를 고찰하면서, 초기에는 실증주의적 패러다임이 우세하였지만 한편으로는 환경교육은 탄생부터 국제적 수준의 운동임과 동시에 실천지향의 비판적 패러다임의 싹을 품고 있었던 셈이며, 사회비판적 패러다임과 사회적

---

49) '의미 있는 삶의 경험(Significant Life Experience: SLE)' 연구는 환경교육의 경험 연구로 대표되며, Tanner(1980)에 의해 시작되었다고 보고되고 있다. 이후 많은 연구자들이 SLE 연구를 통해 삶의 통합적 관점에서의 환경교육 연구를 수행한 바 있다.

구성주의 학습론을 강화하는 간학문적 탐구과정이 강조될 필요가 있음을 주장하였다. 이들 논의는 패러다임의 변화와 교육 현장을 연결한 성찰적 연구라는 점에서 의미 있어 보인다. 그러나 역시 학교교육 현장에 한정되어 논의되었다는 데서 그 한계를 갖는다.

이상에서 살펴보았듯이, 환경교육이 시대적·사회적 흐름을 반영하는 패러다임의 변화와 함께 다양한 논쟁과 논의가 활발하게 진행되어 왔음에도 불구하고 여전히 남겨진 문제는 있다.

먼저 패러다임 논의에서 중요한 것은 '이론과 실재 혹은 이론과 실천 사이의 간극'이 여전히 존재한다는 점이다. 이러한 문제는 패러다임에 지향하는 내용과 형식, 실천 정도의 문제 등의 다양한 형태로 나타난다고 할 수 있다. 예컨대, 비판주의적 패러다임에서 강조하는 사회비판적 교육들이 추구하는 변화의 범위와 성격의 문제이다. 다시 말해, 환경교육의 궁극적 목적으로 제시되는 행동의 변화, 개인의 변화, 사회의 변화에서 어떤 변화를 강조하느냐, 혹은 '교육의 범위 안에서 어느 정도의 변화, 변혁지향성을 추구하느냐'의 문제는 여전히 모호하다는 것이다. 이러한 모호함과 간극을 해소하기 위해서는 무엇보다 현장에서 벌어지는 교육과 이론적 정향의 끊임없는 상호보완 노력, 이를 통해 '새로운 대안적 패러다임'에 대한 적극적인 논의와 적용, 보완과 평가를 통한 확산이 중요하다고 볼 수 있다. 그러나 지금까지 이러한 교육 패러다임의 논의들은 학교 환경교육을 중심으로 진행되어 왔다. 특히 국내에서는 학교 밖, 사회 환경교육 영역의 현장연구가 현저히 부족한 것으로 나타나(신동희·이지희, 2009), 이론과 실재 사이의 간극을 줄이는 노력이 상대적으로 부족했다고 볼 수 있다.

결론적으로 교육의 맥락에서 환경교육은 '교육의 범위 내에서 어느 정도의 변혁지향성을 가질 수 있느냐', 즉 '교육에서 어느 정도 수준에서 옹호할 수 있느냐'의 '모호함', 그리고 이론으로서의 이상적 패러다임과 실재와의 '간극'을 어떻게 극복하느냐의 문제를 갖고 있다. 이를 극복하기 위해서는 무엇보다 '실재'에 대한 연구가 절실하다. 이것은 환경교육의 성격을 가지며 존재해 왔지만 경계에 놓여 그간의 연구가 부족했던 학교 밖 환경교육으로서의 '환경교육운동' 연구가 꼭 필요한 이유이기도 하다.

사회 환경교육의 맥락

'환경교육운동'은 환경교육 영역에서 볼 때 '사회 환경교육'에 속한다. 사회 환경교육의 한 영역으로 분류될 수 있는 '시민환경단체 환경교육' 논의는 이전까지 많지 않았으며, 더욱이 이들의 특질이나 정체성에 대한 논의는 찾아보기 힘들다. 본 절에서는 환경교육운동을 논의하기에 앞서, 환경교육에서 사회 환경교육 및 시민환경단체 환경교육의 위치를 사회교육의 차원에서 파악함으로써 환경교육운동 논의의 필요성을 알아보고자 하였다.

사회교육으로서의 환경교육

우리나라에서 '학교 밖 환경교육'을 '사회 환경교육'으로 명명해 온 것은 교육계 전반에서 '학교 밖 교육'을 '사회교육'으로 분류해 온 것과 무관하지 않다. 여기서는 '사회교육'의 맥락에서 '사회 환경교육'의 본질적 특성을 찾아보고자 하였다.

사회교육은 기존의 학교교육체제에 대한 보완이나 대체의 개념으로 부각되었다(오혁진, 2010). 때문에 사회교육의 본질로서 사회와의 관련성, 소외계층중심, 사회변혁, 공동체 지향 등의 가치가 여러 학자들에 의해 강조되어왔다(오혁진, 2010; 한숭희, 2001; Freire,

1970). 그런데 사회 변화와 함께 서로 다른 성격의 다양한 가치를 추구하는 사회교육으로 발전되면서, 사회교육의 정체성을 규정하는 데 있어서도 '학교교육 이외의 교육'으로 포괄적 의미를 사용하게 된 것이다(정지웅과 김지자, 1986; 황종건 외, 1966).

그러나 이러한 구분은 사회교육의 정체성과 특질을 반영하기에는 한계가 있어 보인다. 이는 한숭희(2001)의 주장에 잘 나타나 있는 데, 그는 '사회교육자나 사회교육연구자들은 영리를 추구하는 부문이나 기능에 치중하는 분야, 직업훈련 분야 등을 의도적으로 자신의 범주에서 제외시켜왔다'면서 '이것은 사회교육이라고 칭하여지는 분야에 있어서 모종의 독특한 관점과 교육관, 그리고 정신이 숨어 있음을 암시하는 것'이라고 지적한 바 있다. 마찬가지로 사회 환경교육은 학교 밖 환경교육으로 설명될 수 없는 다양한 가치와 성격을 가진 교육들을 포괄한다. 가령 환경교육운동과 같이 운동적 성향이 내재된 사회 환경교육은 기업체나 정부에서 하는 그것과 다른 독특한 성격을 갖는다.

이러한 맥락에서 사회 환경교육도 '학교를 제외한 나머지 총체'라는 장소 중심의 유형분류로 획일화되는 것을 지양할 필요가 있다. 최우석(2009)은 환경교육의 유형분류체계에 대한 연구를 통해 환경교육을 그것이 일어나는 장소와 환경을 중심으로 나누어보는 것은 그와 관련된 논의가 있을 때 활용할 수 있는 다양한 분류방식 가운데 하나일 뿐이라고 지적하면서, 학교 장소 중심 분류 방식을 넘어설 필요가 있다고 주장한 바 있다. 그의 논의를 토대로 볼 때, 우리나라에서 보편적으로 학교 환경교육과 사회 환경교육으로 분류하는 것은 학교 안과 밖의 구분이 논의에서 중요할 때는 의미가 있지만 그 이상의 성격과 특질을 논의하는 데에는 적합하지 않다. 더욱이 이와 같은 획일적인 유형분류 방식은 그간 환경교육에서 다양한 성격과 특질, 정체성에 대한 논의가 부족했다는 것을 의미하기도 한다.

따라서 본 연구는 '교육과 운동의 관계'를 중심으로 '환경교육, 환경운동, 환경교육운동'으로 유형을 분류하고, 그 가운데서도 지금까지 논의되지 않은 '환경교육운동'의 특질과 정체성에 주목하였다.

사회변화를 위한 환경교육

교육은 '변화'를 추구한다. '의도된 변화'를 추구한다(오욱환, 2005). 예컨대, 생명과 평화를 중요시 하는 의식의 변화 혹은 지속가능한 사회로의 변화를 추구하기도 한다. 다시 말해, 교육은 단순히 어떤 정보를 전달하거나 살아가는 방법을 전수하는 차원에서 그치는 것이 아니라, 지금의 상태보다 더 나은 상태로의 변화를 추구한다. 여기서 '어떤 변화'를 추구하느냐, 즉 교육의 목적을 어떻게 설정하느냐는 교육에서 중요한 의미를 갖는다. 교육의 목적은 어떤 관점, 어떤 패러다임에 근거하느냐에 따라 달라진다. 이는 한 시대와 그 시대를 살아가는 개인과 사회의 가치관을 반영하며, 교육의 범위를 확대시키기도, 축소시키기도 한다. 오욱환(2005)은 교육의 목적을 어떤 개인의 속성을 변화시키는 수준에서 설정할 수 있듯이, 조직, 기관, 국가, 사회 등을 변화시키는 것으로 삼을 수 있다고 말한다. 그는 교육을 적극적으로 해석할 때 '사회변화를 위한 교육'이 되어야 한다고 주장한다.

이는 한숭희(2001)가 말하는 사회교육의 본질적 의미를 통해 더 적극적으로 이해할 수 있다. 그는 '사회교육'이란 단지 교육의 대상 영역 즉 '학교 밖 교육'을 지칭하는 말이기에 앞서 그것이 가지는 고유한 규범적 이념과 관점을 포함하는 개념이라는 사실을 강조한다. 그가 여기서 말하는 학교에 대한 비판적 시각은 학교가 일부 사람에게만 배울 기회를 제공하고 있을 뿐만 아니라, 그 교육내용이 민중의 생활현실과 괴리되어 있으며, 교육체제를 기본으로 한 국가주의 적 경향을 강하게 띄고 있다는 점이다. 그는 우리나라의 '사회교육' 에 영향을 미친 일본에서의 사회교육의 개념은 학교교육에 대한 비 판적 시각에서 그 대안으로 출발하였음을 주목할 필요가 있다고 말 한다. 이러한 흐름과 맞물려 한국의 사회교육은 해방 이후 특히 50 년대 이후 60~70년대를 거치면서 나름대로의 비판적, 진보적 자리 매김을 충실히 해왔다는 것이다(노일경, 2000; 한숭희, 2001). 그는 우리나라에서 사회교육은 인본주의에 기초한 민중교육운동이었으 며, 주로 민중교육, 노동교육, 문해교육 등의 '민중의 생활세계에 대 한 지식인의 개입'으로 표현되어 왔으며, 이러한 인본주의적이며 민 중 지향적인 성인교육 활동을 우리나라에서는 사회교육이라고 불러 왔다고 주장한다. 사회교육은 '사회에서 일어나는 교육'이라기보다 는 '사회를 변혁하는 교육'이라고 규정함으로써 그 실천과 연구를 전 개해야 한다는 것이다.

이는 우리나라의 교육 시민운동에 큰 영향을 미친 프레이리의 비 판적 교육학의 기본테제인 사회변혁을 강조하는 실천적 교육학에서 잘 나타난다. 프레이리(1973)는 현실 세계를 매개로 하여 행동과 반 성 혹은 이론적 실천(action-reflection: Praxis)을 거듭하는 인간 의 '존재론적 소명'을 이야기하면서, 인간은 현실 세계를 극복하여 억압된 질서를 변형시켜 '새로운 인간(new man)'이 됨을, 즉 인간 화가 됨을 강조하고 있다.[50] 그는 인간화가 되느냐 비인간화가 되 느냐는 시대의 주제들을 파악하느냐 못하느냐, 특히 그 주제들이 생 성된 현실에 대해 어떻게 행동하느냐에 의해 결정된다고 봤다. 실제 로 우리나라의 사회교육과 교육 시민운동은 프레이리의 교육철학에

---

50) 프레이리는 반성과 행동은 따로 존재하는 것이 아니라 동시에 수행된다고 보고 이를 '프 락시스(Praxis)'라 부르고 있다.

영향을 받은 민중교육운동을 통해 전개되어 왔다고 볼 수 있다. 이러한 맥락에서 환경교육운동의 사회 변혁적 지향, 실천적 교육의 성격은 분명해진다.

이상에서 살펴본 '사회변화를 위한 교육' 혹은 '사회를 변혁하는 교육'은 본 연구에서 다루고자 하는 환경교육운동의 교육적 의미를 찾는 데 중요한 시사점을 준다. 그간 환경교육 영역에서 사회 환경교육에 대한 논의는 '학교 밖 환경교육'이라는 대상 영역의 기능과 유형, 사례들에 비중을 두어왔다. 즉, 학교 환경교육과 사회 환경교육의 구분은 형식적인 기준이 중요했다고 할 수 있다. 그러나 환경교육과 환경운동이 발전해오면서 각각이 독특한 특질을 형성하고 있는 만큼, 사회 환경교육의 '이념적 지평'이나 '독특한 관점' 등의 내용적인 기준이 제시될 필요가 있다. 환경교육과 환경운동의 '차이'나 '구분'보다는 이들 간의 '관계' 혹은 '매개'가 되는 환경교육운동의 특성을 이해하고, 교육의 실천 혹은 실재를 통해 이론을 진전시키는 것이 보다 발전적이며 바람직한 방법이 될 수 있다. 이러한 맥락에서 환경교육 혹은 사회 환경교육에 대한 적극적인 재개념화가 필요하다.

■ 운동의 맥락

환경교육운동은 환경운동의 전략적 방편이자, 사회교육과 교육시민운동의 주제 영역으로 발전해왔다. 이는 사회운동과 환경운동의 거대한 흐름 속에서 운동의 변화과정에 깊이 관여되면서 형성되고 전개되어 왔다. 여기서는 사회운동, 환경운동 맥락에서 환경교육운동의 변화과정을 이해함으로써, '환경운동가의 환경교육운동가 되기'의 사회적 배경으로서 운동의 맥락을 짚어보고자 하였다.

사회운동의 분화, '차이'의 존중과 연대

한국은 1980년대를 정점으로 민주화과정에서 사회운동으로의 변화를 경험했다. 이 변화는 구조적 변화에 의한 도전과 응전의 상호작용으로 현실화되었고, '거대한 운동으로의 수렴에서 차이의 운동들로의 분화로' 사회학자들에 의해 분석된 바 있다(김동춘 외, 2010). 여기서의 분화는 생성(emergence), 분기(divergence), 변형(transformation)의 현상을 포함한다. 환경운동에서 환경교육운동의 분화과정은 환경교육전문기관과 같은 독자적 운동조직으로의 '분기', 혹은 대안적 형태의 환경교육단체나 기관을 설립하는 등 환경변화에 대응하여 새로운 자기 의제로의 수용이라는 측면에서의 '변형'의 형태로 나타나고 있다.

조희연(2010)은 이들 분화된 사회운동을 하버마스의 '체제(system)'과 '생활세계(lifeworld)' 구분을 원용하여,[51] 체제개혁운동, 체제도전적운동과 생활세계개혁적 운동, 대안생활세계운동/체제이탈적운동으로 유형화하고, 이들 사회운동이 어떻게 분화되고 재구성되는지 설명하고 있다(〈표 12〉 참조).

〈표 12〉 사회운동의 유형화(조희연, 2010)

운동의 대상 \ 운동의 지향	개선지향적 운동 (fix-oriented movement)	타파지향적운동 (nix-oriented movement)
체제지향적운동 (system-oriented movement)	체제개혁운동 (system-reformer movement)	대안생활세계운동 (lifeworld-change movement)
생활세계지향적운동 (lifeworld-oriented movement)	생활세계개혁적운동 (lifeworld reformer movement)	체제이탈적운동 (regime-exiter movement)

---

51) 조희연(2010)은 고전적으로는 권력지향적 운동과 가치지향적 운동으로 구분해 왔지만, 이는 권력을 지나치게 협의로 해석한다는 비판을 받을 수 있다고 보았고, 구조, 권력의 제도적 배열, 사회적 관계의 제도적 측면을 포괄하는 '체제'와 정체성, 문화, 관행, 관계의 사회문화적 측면을 포괄하는 '생활세계'를 중심축으로 삼았다.

그는 수동 혁명적 민주화는 자율화와 제도화의 진전으로 나타났고, 1차 분화과정에서 독재에 대항하는 '반체제적 운동'이 '체제 개혁적 운동'으로 분화되었고 새롭게 소수자운동과 '생활세계 개혁적 운동'이 출현했다고 보았다. 또한 2차 분화과정에서 제도화를 둘러싸고 생활세계 개혁적 운동 내부에서 '대안생활세계운동/체제이탈적 운동'으로 나타났다고 보았다. 특히 그는 이러한 '거대한 운동'에서 '차이의 운동'으로의 분화를 부정적으로 보거나 차이 자체만을 중시하는 시각을 넘어서 차이 자체를 존중하고 동시에 시대적인 공통의 과제를 중심으로 하는 '차이의 연대'를 중시해야 한다는 점을 강조하고 있다.

환경운동도 사회운동의 이행과정에서 사회적 경험과 변화과정을 거쳐 분화되고 재구성되었다. 그 과정에서 환경교육운동의 형성과 전개가 이루어졌다고 볼 수 있다. 위의 내용을 토대로 분석해보면, 초기 계몽과 의식화 중심의 환경교육운동은 '체제 개혁적 운동'으로서의 환경운동에서 하나의 방편으로 이루어졌다. 이후 사회운동이 '생활세계 개혁적 운동'과 '대안생활세계운동'으로 분화되는 과정에서 사회문화적 측면이 강화된 체험형 환경교육과 영성이나 생태적 가치를 중심으로 한 대안적 삶의 운동으로 분화되었다. 이러한 현상은 '문화소비사회로의 본격적인 전환'과 '삶의 심미화(審美化)'를 통해 생활세계 영역이 부각되었다고도 해석되기도 한다(박형준, 2001).

환경담론의 지형 변화와 환경교육운동

세계를 이해하는 공동의 방식으로 정의되는 '담론(discourse)'은 환경운동에 있어서 중요한 의미를 갖는다(Dryzek, 1997; 구도완, 2005). 환경운동은 환경문제에 대한 사회적 대응이며, 그 과정을 매개하는 사회적 행위의 의미는 담론을 통해 구성되기 때문이다(구도완, 2005). 구도완(1996)은 1990년대 초반의 우리나라 환경 담론 지형을 당시의 시대적 상황에서 환경관리주의, 좌파환경주의, 생태주의로 구분하였다. 그는 1980년대 들어 이전의 '잘 사는' 먹고사는 문제에서 벗어나기 시작하면서 '공해'담론과 '민중'담론이 결합되어 '공해추방운동'이 구성되었고, 1990년대 들어서는 '환경'담론과 '시민'담론으로 대체되는 한편, '환경'담론에서 적대적 특성이 급속히 사라지기 시작했고 '생명'담론이라는 새로운 담론이 결합되었다고 분석한 바 있다. 그는 이러한 경향을 1990년대 중반 이후 역동적 과정에서 보편적 가치 담론이 아닌 개발 담론과 녹색 담론 사이의 투쟁의 장으로 변해왔다고 해석하면서(구도완, 2004), 이 과정에서 형성된 보다 복잡한 담론 지형을 산업주의와 합리성을 준거로 산업주의를 유지하고 개량하는 생태권위주의와 지속가능발전론, 산업주의의 변형으로서의 녹색 낭만주의와 녹색 합리주의로 구분한 바 있다(구도완, 2005).

이외의 환경 담론 연구들도 각각의 분석틀에 의해 다양하게 전개되었는데, 대표적으로 문순홍(2006)의 생태사상의 담론에 대한 연구, 최병두(1999)의 모던 환경론과 포스트모던 환경론 구분에 따른 담론 연구, 한면희(2004)의 초록문명의 대안이념으로서의 생태주의와 환경정의에 대한 연구 등이 있다. 최근에는 새로운 운동지평으로서 생태적 삶의 전환으로서의 생태적 대안운동을 논하면서, 자신을 권리의 주체로 인식하고 국가와 시장을 비판하지만 그 틀 안에 있는 '권리'담론과 내면적 성찰과 책임, 영성을 중시하며 삶의 공동체를 통해 국가와 시장을 넘어서려는 '성찰'담론이라는 두 담론을 이행의 전략으로 제시한 연구가 진행되기도 하였다(구도완, 2009).

그렇다면 지금까지 살펴본 환경운동 담론은 환경교육에 어떻게 반영되었을까? 초기의 보편적 가치로서의 환경담론은 환경운동에서 하나의 방편으로 수행되었던 환경교육운동에도 고스란히 반영되었다.

우선 1980년대 '공해'와 '민중'담론이 지배하던 시기의 환경교육운동은 공해의 피해자인 민중을 대상으로 공해의 개념과 피해, 영향을 전파하고 계몽운동과 의식화 운동의 형태로 발현되었다. 이 시기의 환경교육운동은 엄밀히 말해 환경운동에 있어서 하나의 방편이었다. 즉, 나름의 독자적 형태나 특질을 갖추었다고 보기 힘들다. '환경'과 '시민'담론이 지배하기 시작한 1990년대에 들어서면서 환경교육운동은 환경운동의 영역에서 시민들의 참여와 대중들을 조직하는 방편이자, 사회변화를 위한 환경교육의 교육적 목표를 동시에 갖는 독특한 특질을 획득해가는 과정을 거치게 되었다. 이 시기의 환경교육운동 활성화는 환경운동 담론 연구에서 언급된 1990년대 '환경'담론의 유연화 과정-적대적 성격의 약화-과 무관하지 않다. 여기에는 회원들과의 소통과 참여, 기업과 정부 등과의 협력 관계를 구체화하는 데 환경교육운동의 기여 혹은 역할이 크다고 볼 수 있다.

한편 이 시기에는 전문 환경운동단체 주도의 환경교육운동뿐만 아니라 자발적 소모임, 풀뿌리 조직, 교사운동, 지역조직들의 확산과 함께 환경교육운동의 지형도 다양화되기 시작했다. 이는 1990년대 중반을 넘어서면서 사회운동이 '차이의 운동'으로 분화되고, 환경운동의 담론지형 또한 복잡한 분화 양상을 띠기 시작한 것과 연동되는 것으로 분석할 수 있다. 동시에 환경교육 패러다임에서 해석적, 비판적 패러다임 등 대안적 패러다임들이 강조되기 시작하면서 환경교육운동의 교육적 역할도 평가받기 시작한 것으로 파악된다.

마치며

　인간과학 연구는 우리가 세계를 체험하는 방식에 의문을 던지는 것이고, 그 세계를 이해하고자 하는 것, 그리고 그 자체가 '무엇임(being)'과 '무엇이 됨(becoming)'의 교육과정이다(Manen, 1990). 본 연구는 우리가 사는 세계에 실재하는 환경교육운동 형성의 주체인 환경교육운동가가 어떤 사람들이고, 어떻게 환경교육운동가가 되어 갔는지에 중점을 두어 탐구하였다. 여기서는 본 연구를 통해 얻은 경험적 발견과 함의를 논의하였다. 논의는 크게 '환경교육운동가의 형성', '환경교육운동의 형성'의 차원에서 진행하였다.

　먼저 본 연구에서 발견한 **'환경교육운동가 형성'의 의미**는 다음과 같다.

　첫째, 환경교육운동가 형성은 개인 생애의 점진적인 전환이자, 새로운 운동의 형성이라는 동시적 의미를 갖는다. 이는 사람의 변화이자 사회의 변화를 이끌어 가는 운동의 변화로도 해석된다. 사회의 변화가 사람의 변화를 통해 일어난다는 것은 주지의 사실이다. 그런데 이러한 변화가 삶의 전반에 걸친 분투과정에서 전유되는 점진적인 전환으로 진행되면서, 운동의 변화라는 거대한 흐름을 이끌어낼 수 있었다는 점에서 환경교육운동가의 형성은 중요한 의미를 갖는다. 여기서 점진적인 전환이라는 것이 환경교육운동가들이 현재의 위치에 있기까지 결정적 전환의 계기가 없다는 것은 아니다. 오히려 이러한 결정적이거나 획기적인 요인들이 중층적으로 존재한다는 의미이다. 때문에 이들은 스스로의 전환과정을 '자연스럽게' 받아들이는 동시에 '치열하게' 받아들이기도 하는 것이다. 이들의 생애 전반에서 환경, 교육, 운동이 각각 부각되고, 강화되고, 가치들이 우선순위를 경합하는 과정을 거치는 동안, 비판적 성찰과 이성적 담론을 통해 자신의 삶과 운동을 수정하고 전환해가게 되는 것이다.[52] 더욱이 이들은 자기 성찰을 통해 적극적 운동 성찰을 이끌어내는 '성찰적 실천'으로, 개인의 변화와 함께 보다 넓은 차원의 운동의 변화를 만들어낸 것이다.

둘째, 환경교육운동가 형성은 창의적 정체성을 갖는 새로운 주체 형성의 의미를 갖는다. 정체성은 '구별 짓기'와 '차별화'를 통해서 형성된다(신광영, 1997). 본 연구에서 발견한 환경교육운동가의 정체성은 다원적 이념형으로 나타나고 있었다. 복합적 정체성은 모순을 만들기도 하지만, 그 모순을 극복해가는 과정에서 구별 짓기와 차별화를 통한 창조적 과정을 견인하게 된다. 환경교육운동가들은 교육과 운동의 경계에서 모호함과 복잡한 긴장관계를 극복해가는 과정에서 의도적이든 비의도적이든 창의적 혹은 창조적 정체성의 주체가 되는 기회를 획득하게 되었다. 이들은 모순을 극복해 가는 과정에서 오히려 기존의 정체성에 '저항하고, 기획하고, 정당화해가는' 정체성 형성과정의 주체가 되어 새로운 정체성을 만들어 가고 있는 것이다.[53] 다시 말해, 환경교육운동가들이 자신의 신념과 목표에

---

52) 전환학습이론으로 대표되는 Mezirow(1991)는 학습자의 의미구조를 비판적 성찰과 이성적 담론을 통해 수정하고 전환하는 것을 강조하였다(박경호, 2009; Mezirow, 1991). 본 연구에서 구술자들의 정체성 변화 과정은 평생 학습적 차원에서의 전환학습과정으로도 해석될 수 있다.

53) Castells(1997)은 정체성 구성의 세 가지 형태와 근원으로 사회행위자들과 비교하면서 자신을 합리화해 가는 '정당화 정체성(Legitimizing identity)', 지배논리에 의해 폄하되거나 비난받는 처지에 있는 행위자들에 의해 저항과 생존의 경향을 구축하는 '저항적 정체성(Resistance identity)', 자신들이 이용가능한 문화적 자원에 기반 하여 사회 속에서

따라 삶을 일치시켜나가는 과정은 자신을 합리화하거나, 기존의 체제에 저항하거나, 스스로 새롭게 구축해가는 과정으로 이해될 수 있다. 귀결해볼 때, 환경교육운동가의 형성은 환경교육과 환경운동의 발전과정의 산물이자 성과이며, 주체적이고 창의적인 정체성 형성이라는 의미를 갖는다.

셋째, 환경교육운동가 형성은 행복한 자아로의 '인간형성', 바람직한 인간으로의 '교육형성', 진정한 운동가로의 '운동형성'에 총합적 의미를 갖는다. 개인의 정체성은 사회적, 문화적 맥락 안에서 구성되고 지속적으로 변화해간다. 또한 단일한 정체성에 머무르기보다 여러 정체성 간의 상호관련성의 변화가 나타나기도 한다. 환경교육운동가들은 정체성을 추가하거나, 포기하거나, 수정해가는 과정을 거쳐 자신이 갖고 있는 정체성의 체계나 의미의 변화를 경험하게 된다. 그 변화는 벡터와 같아서 서로 다른 방향과 크기의 어떤 에너지가 모아져 총합적으로 관여하게 된다.

이들에게 정체성 변화는 첫째, 행복한 자아로의 '인간형성'의 의미를 갖는다. 사명감과 책임감이라는 짐을 내려놓고, 내가 잘할 수 있고 나와 이웃을 돌아볼 수 있는 운동을 할 수 있는, 혹은 구조와 싸워야 하는 좌절과 실패의 반복 속에서 느끼는 강한 방식의 피로감에서 벗어나, 대화와 소통, 체험과 관계 맺기라는 부드러운 방식의 사람 중심 운동을 할 수 있는 '행복한 자아'로 나아가는 방향성을 갖는다. 둘째, 바람직한 인간으로의 '교육형성'의 의미를 갖는다. 운동이 사회변화를 추구한다고 했을 때, 교육운동은 사회변화와 함께 사람의 변화, 즉 '바람직한 인간 형성'이라는 교육적 지향이 강조된다. 엄밀히 말해, 사회비판적 교육 패러다임에서 강조되는 '환경을 위한

자신들의 지위를 새롭게 구축해가는 '기획적 정체성(Project identity)'로 나누어 설명하였다.

교육'은 결국 '사람을 위한 교육'이라고 할 수 있다. 환경을 위하는 이유가 사람이 환경과 공생하며 살아남기 위해서이기 때문이다. 구술자들은 환경교육운동가들에게 필요한 역량으로 운동가적 소양으로 강조되는 인간성, 헌신성, 전문성, 창의성, 가치지향성, 신념, 이타성, 자기성찰 등의 요인들 이외에 사랑, 배려, 덕, 양심, 감수성 등을 교육가적 소양으로 꼽고 있었다. 마지막으로, 진정한 운동가로의 '운동형성'의 의미를 갖는다. 환경교육운동가 되기는 이념과 실천 사이의 괴리감을 극복해가는 과정으로 삶과 운동을 일치시키는 대안적 실천 전략의 이행이기도 하다. 이들은 인지적 충돌 상황에서 자기 성찰과 운동 성찰의 과정을 통해 성찰적 실천의 모습으로 발현되는 '진정한 운동가되기'라는 방향성을 갖게 된다.

이처럼 환경교육운동가 형성은 행복한 자아, 바람직한 인간, 진정한 운동가라는 방향성과 이들 각각의 다양한 크기가 반영되어 나타나는 인간형성-교육형성-운동형성의 총합적 의미를 갖는 새로운 정체성 형성의 의미를 갖는다.

다음으로 본 연구에서 발견한 **'환경교육운동 형성'의 의미**를 살펴보고자 한다.

운동가의 정체성은 그가 속한 집단의 정체성의 일부라는 점에서 사회구조 속에서 중요한 의미를 갖는다(Hill, 2002). 따라서 환경교육운동가의 형성은 '환경교육운동의 형성'의 의미를 함께 갖는다. 환경교육운동의 형성이 갖는 교육적, 운동적 함의를 이념형의 유형별로 정리해 보면,

먼저 환경교육운동 형성의 '교육적 의미'는 다음과 같다.

첫째, 환경교육이 곧 환경운동이라고 인식하는 '일치형'의 환경교육운동은 환경교육이 사회변화와 진전을 위한 적극적 역할을 주도함으로써 교육의 지평을 넓혀준다는 점에서 교육적 의미를 갖는다.

전통적 교육에서 가치중립이 강조되어 왔다면, 사회비판적 교육패러다임과 환경을 '위한' 교육의 필요성이 강조되고 있는 교육의 흐름 속에서, 이제는 강한 가치지향성을 갖으면서도 통합적인 관점을 추구할 수 있는 적극적 의미의 환경교육의 역할이 필요한 시점이다. 운동과 교육의 통합을 추구하는 일치형의 환경교육운동은 이러한 역할을 담당할 수 있다.

둘째, 환경교육을 환경운동의 중요한 전략으로 인식하는 '집중형'의 환경교육운동은 시민사회라는 넓은 영역을 교육의 장으로 확장함과 동시에, 교육주체로서의 운동가가 전문성을 갖추고 체계화해 나갈 수 있는 기회를 제공한다는 점에서 교육적 의미를 찾을 수 있다. 환경교육운동가들은 운동 영역 내에서도 환경교육의 주체로서 자기전망을 갖고 전문성을 키워나갈 수 있으며, 동시에 환경교육운동은 환경교육 구현의 장을 확대해갈 수 있다.

셋째, 교육과 운동은 삶 자체라고 인식하는 '확장형'의 환경교육운동은 전체적인(wholistic) 교육의 구현이라는 점에서 교육적 의미를 갖는다. 이들은 교육이 가장 본질적인 접근 방식의 운동이라고 믿기 때문에, 교육운동을 중심으로 운동 영역을 재구성한다. 이 과정에서 환경이라는 주제 범위를 확장한 통합적인 교육을 해나가게 된다. 환경교육은 지속가능발전교육과 같이 총체적인 접근이 강조되고 있다. 확장형의 환경교육운동은 Orr(1993)가 말한 '모든 교육이 환경교육이다'라는 명제를 지역과 공동체를 기반으로 가장 근본적인 접근을 통해 실현할 수 있는 가능성을 제시해 준다.

한편 환경교육운동 형성의 '운동적 의미'는 다음과 같다.

첫째, 환경교육이 곧 환경운동이라고 인식하는 '일치형'의 환경교육운동은 환경교육을 환경운동의 필수과정으로 재평가하여 새로운 관점을 제시한다는 점에서 운동적 의미를 찾을 수 있다. 이들은 환경운동에 환경교육이 매개되었을 때, 혹은 환경운동을 환경교육으로 구현할 수 있을 때, 환경운동이 폭발력을 발휘할 수 있다고 믿는다. 이는 환경운동으로서의 교육, 환경교육으로서의 운동의 역할과 의미를 재평가하는 역할을 한다는 점에서 교육적, 운동적 의미를 동시에 갖는다.

둘째, 환경교육을 환경운동의 중요한 전략으로 인식하는 '집중형'의 환경교육운동은 사회적 가치 실현과 함께 자아실현을 이뤄가면서 운동을 지속하게 한다는 점에서 운동적 의미를 갖는다. 이들은 자기에게 잘 맞거나 효과적이라고 생각하는 영역으로 전략적인 선택과 집중을 함으로써 전문성을 키울 수 있고, 개인의 전망을 명확히 함으로써 운동의 지속성을 담보할 수 있다. 기존의 운동에서 운동가들의 수명이 짧고 자기전망이 부족하다는 반성적 평가가 나오고, 이를 극복하는 것이 운동 영역에서 하나의 과제로 인식되어 오고 있는 만큼, 자아실현과 사회적 가치 실현을 함께 지향할 수 있는 환경교육운동가의 형성은 운동의 확대 재생산을 견인할 수 있다.

셋째, 교육과 운동은 삶 자체라고 인식하는 '확장형'의 환경교육운동은 행복한 운동가, 진정한 운동가 되기를 이끌어낼 수 있다는 점에서 운동적 의미를 갖는다. 운동가들은 사회적 상황과 시대적 경험을 통해 사회적 책임감과 사명감을 가지고 운동가가 되지만, 운동참여 과정에서 좌절감과 피로감을 느끼기도 한다. 반면 확장형의 환경교육운동가들은 자기 자신과 가족, 이웃과 공동체, 사회가 행복할 수 있는 긍정적인 운동 방식으로 운동을 만들어간다. 이전의 운동이 개인보다 사회나 구조의 변화를 추구하면서 이와 맞서는 저항적 정체성으로 사명감을 표출하였다면, 확장형의 환경교육운동은 배려, 덕, 양심, 정의, 사랑을 베풀 수 있는 삶에서 실천하는 운동의 구현 과정으로 삶의 변화를 통해 사명감과 책임감을 표출할 수 있게 된다.

이 밖에도 환경교육운동은 제도화된 운동 영역 내에서도 실현가능한 대안적 전략으로 모색될 수 있다는 점에서 중요한 의미를 갖는다.

본 연구결과를 바탕으로 환경교육, 환경운동, 환경교육운동 현장에 몇 가지 **제언**을 하고자 한다.

첫째, 환경교육의 운동적 측면과 환경운동의 교육적 측면을 해석하고 의미를 부여하려는 노력이 지속되어야 한다. 교육과 운동이 만나는 지점에서 각각의 역할과 의미를 초월하는 새로운 정체성과 특질을 가진 창의적 교육과 운동이 탄생할 수 있기 때문이다. 본 연구는 환경교육운동 나름의 특질과 정체성을 밝히고 있지만, 이것은 구별하거나 분리하려는 시도가 아니다. 사회운동에서 거대한 운동을 수렴하는 차이의 운동으로 분화와 연대라는 흐름이 나타나고 있는 것처럼, 환경운동과 환경교육이 성장하면서 다양한 성격의 교육과 운동으로 분화될 수 있다. 따라서 다양한 차원의 교육과 운동이 갖는 차이를 존중하고, 각각의 영역을 발전시키는 원동력으로 삼을 때 보다 높은 차원의 교육과 운동으로 의미가 더해질 수 있을 것이다.

둘째, 환경교육 영역에서는 사회 변화에 보다 민감해지고 그 변화를 적극적으로 반영하여야 한다. 환경교육이 개인의 변화와 함께 사회의 변화를 추구하는 것은 주지의 사실이지만, 전통적으로 환경교육의 현장에서는 사회적 변화와 현안에서 일정한 거리를 두는 가치중립이나 가치자유적인 교육의 성격을 지향해 온 것도 사실이다. 이 때문에 이론과 실재와의 간극이 생기거나 때로 모호한 입장을 취하게 되는 경향도 존재해왔다. 교육은 반성적 성찰을 통해 바람직한 방향으로 나아가게 하는 과정이다. 환경교육의 주체들이 사회 변화에 민감하고 변화를 적극적으로 반영할 때, 보다 나은 방향으로 개인과 사회를 이끌어갈 수 있는 힘을 갖게 될 것이다.

셋째, 환경운동과 환경교육운동의 성장을 위해서 주체들의 재교육과 더불어, 교육활동 경험을 포함한 다양한 방식의 운동에 참여할 기회가 충분히 주어져야 한다. 환경운동가들이 운동참여과정에서 나타난 자기 성찰과 운동 성찰은 정체성 변화와 형성에 직접적으로 주요한 역할을 했다. 이는 재교육뿐 아니라 다양한 운동을 경험하면서 교육활동을 경험했을 때, 운동과 자기 성찰의 과정을 거쳐 선택적 구성을 할 수 있게 되는 것이다. 운동가들이 자신의 신념과 가치관으로 운동가가 되었더라도, 운동참여과정에서 운동 전망과 자기 전망을 일치시킬 수 있는 운동가만이 '행복한 운동가'로서 그들의 운동을 지속할 수 있다. 이를 가능케 하는 것은 충분한 '성찰'의 과정이며, 이를 통해 이들은 '성찰적 실천'을 지향하는 진정한 운동가가 될 수 있다.

넷째, 환경교육, 환경운동, 환경교육운동을 둘러싼 현재의 대 상황과 매개 상황이 될 수 있는 요인들을 계속해서 살펴볼 필요가 있다. 환경운동가 되기, 환경교육운동가 되기는 이들에게 주어진 대 상황 하에 매개 상황이 주어졌을 때 진행되었다. 현 시대에 필요한 환경교육가, 환경운동가, 환경교육운동가를 양성하고 확대 재생산하기 위해서는 현세대와 미래세대의 교육가와 운동가에게 놓여 있는 대 상황을 엄밀히 분석하고, 이를 매개할 수 있는 상황들을 만들어 줄 필요가 있다.

다섯째, 환경교육과 환경운동에 대한 연구 분야에서 새로운 실험적 시도들에 대한 평가와 지원이 활발하게 진행되어야 한다. 학문이 보다 의미 있으려면 현실세계와 연결될 수 있어야 한다. 또한 현실세계에 존재하는 것을 학문 분야의 이론적 논의를 통해 텍스트화 할 때, 과거와 미래에 의미 있는 실재로 거듭나게 될 수 있다.

　여섯째, 본 연구에서 사용한 구술사는 역사기록이 상대적으로 취약한 운동 분야에서 최근 활발하게 활용되고 있다. 그러나 환경교육과 환경운동 분야에서의 역사연구나 구술연구는 많지 않다. 본 연구 과정에 참여한 29명의 구술자들의 기억과 구술기록은 그 자체로도 환경교육운동과 우리 사회의 역사적 의미를 갖는다. 이와 같이 공익적 가치를 가질 수 있는 역사적 기록물이 축적되고, 공익적 목적에서 공유되길 바란다. 역사사회학자들이 이야기하는 것처럼, 역사를 되돌려 줄 때 사람들은 자신들의 미래로 향할 수 있다.

참고문헌

구도완(1996). **한국 환경운동의 사회학**. 문학과 지성사.

구도완(1999). "1980년대 이후의 한국인의 환경의식." **환경정책**, 7(2). pp.17~33.

구도완(2004). "개발동맹과 녹색연대: 담론구성체 연구." **에코**, 7. pp.43~77.

구도완(2005). "한국환경운동의 담론: 낭만주의와 합리주의." **경제와 사회**.
　　　　pp.128··153.

구도완(2007). "6월 항쟁과 생태환경." **역사비평**, 78. pp.159~174.

구도완(2009). **마을에서 세상을 바꾸는 사람들: 생태적 대안운동을 찾아서**. 창비.

권영락(2005). **장소기반 환경교육에서 장소감의 발달과 환경의식의 변화**. 서울
　　　　대학교 박사학위논문.

김기석(1999). **교육역사사회학**. 교육과학사.

김동춘·김원·김은희·김정훈·오유석·유철규·윤상우·이광일·조현연·
　　　　조희연(2010). **거대한 운동에서 차이의 운동들로: 한국 민주화와 분화
　　　　하는 사회운동들**. 파주: 한울아카데미.

김성수(1996). "1990년대의 환경운동." **인제논총**, 12(2). pp.423~442.

김종철(1995). **오름나그네**. 높은오름.

남상준(1995). **환경교육론**. 서울: 대학사.

노경임(1999). **환경관 분석틀의 개발 및 환경관에 따른 인식 특성 연구**. 단국대
　　　　박사학위논문.

노일경(2000). **한국 사회교육학의 성립과정과 이념적 지향성에 관한 연구**. 서
　　　　울대 석사학위논문.

문순홍 편저(2006[1999]). **생태학의 담론**. 서울: 아르케.

박경호(2009). "전환학습이론: 고등교육기관에서 중년여성학습자의 의미구조

변화." *Andragogy Today: International Journal of Adult & Continuing Education*, 12(4). pp.31~60.

박성희(2004). 질적 연구방법의 이해: 생애사 연구를 중심으로. 원미사.

박순영(1980). "사회 인식 방법론." 현상과 인식, 4(4). pp.5~22.

박태윤 외(2001). 환경교육학개론. 파주: 교육과학사.

박형준(2001). 성찰적 시민사회와 시민운동. 서울: 의암출판.

서정우(1990). 한국언론의 과제. 연세행정논총, 15권. 연세대 행정대학원. pp.35~47.

서태열(2003). "지구촌 시대의 '환경을 위한 교육'의 개념적 모형의 재정립." 한국지리환경교육학회지, 11(1). pp.1~12.

성진근(1994). "한국의 이농현상에 대한 이해와 대책." 농업과학연구, 12(1). pp.71~87.

신광영(1997). "계급과 정체성의 정치." 경제와 사회, 35. pp.34~50.

신동호(2007). 환경운동 25년사 자연의 친구들, 1, 2권. 도요새.

신동희·이지희(2009). "국내외 환경교육 논문 분석을 통한 연구 경향 비교." 한국환경교육학회 발표논문집. pp.152~159.

신명호·이근행(2000). "사회운동단체 활동가들의 의식과 생활." 도시와 빈민, 48. pp.97~121.

시민의 신문(2006). 한국민간단체총람 상편.

오욱환 편저(2005). 사회변화를 위한 교육. 서울: 교육과학사.

오혁진(2010). "사회교육의 일반적 발달단계에 기초한 한국 사회교육사. 시대 구분 연구." 평생교육학 연구, 16(4). pp.81~105.

윤상철(2005). "1990년대 한국 사회운동: 분립과 중앙집중성." 경제와 사회, 66호. 한국산업사회학회. pp. 37~71.

이선경·김남수·김찬국·장미정·주형선·권혜선(2010). 유엔 지속가능발전교육 10년 (DESD) 중간평가를 위한 실태 조사 연구. 유네스코 한국위원회.

이성희·최돈형(2007). "초등환경교육의 전문성 신장을 위한 교사 연수 프로그램의 구성 요소 탐색." 환경교육, 20(2). pp.54~66.

이순철·최돈형(2010). "한국 환경과 교육과정의 패러다임 변화에 대한 역사적 고찰." **환경교육,** 23(1). pp.27~35.

이용환(1991). "이념형/유형변수." **고시계,** 36(4). pp.341~344.

장미정(2011). **환경운동가의 정체성 변화를 통해 본 환경교육운동가 형성과정: 환경교육운동가의 기억과 구술을 중심으로.** 서울대 박사학위논문.

정기환 외(1999). **농촌인구 과소화지역의 유형별 특성과 대책.** 서울: 한국농촌경제연구원.

정지웅·김지자(1986). **사회교육학개론.** 서울: 교육과학사.

조명래(2001). "한국의 환경의식과 환경운동." **한국지역개발학회지.** 13(3). pp.141~154.

조용환·윤여각·이혁규(2006). **교육과 문화.** 한국방송통신대학교출판부.

조혜인(2006). "이념형의 차별적 다원성." **사회와 역사,** 71. pp.281~312.

조희연(2010). "'거대한 운동'으로의 수렴에서 '차이의 운동들'로의 분화: 한국 민주화 과정에서의 사회운동의 변화에 대한 연구"; 김동춘·김원·김은희·김정훈·오유석·유철규·윤상우·이광일·조현연·조희연(2010). **거대한 운동에서 차이의 운동들로: 한국 민주화와 분화하는 사회운동들.** 파주: 한울아카데미. pp.25~137.

주성수(2006). "한국 시민사회의 '권익주창적' 특성." **한국정치학회보,** 40(5). pp.233~250.

주형선(2005). **환경정체성 형성에 대한 전기적 연구.** 서울대학교 박사학위논문.

최돈형(2007). "교육 패러다임의 변화와 한국 환경교육의 진화." **한국환경교육학회 발표자료집.** pp.133~140.

최돈형 외(2007a). **환경교육교수학습론.** 파주: 교육과학사.

최돈형 외(2007b). "지속가능한 교육으로서의 환경교육 담당교사의 학생평가 전문성 신장 모형 및 기준 개발 연구." **환경교육,** 20(1). pp.183~199.

최병두(1999). **환경갈등과 불평등.** 한울.

최병두·배종진(1999). "지역사회운동과 상근활동가의 자기성찰." **도시연구,** 5. pp.171~197.

최영수(2009). **한국 비영리민간단체(NGO)의 실태와 지원 정책에 관한 연구.** 포천: 대진대학교 석사학위논문.

최우석(2009). **Free-choice environmental learning 개념의 새로움과 개념적 가치
검증**. 서울대학교 박사학위논문.

한국환경교육학회(2003). **우리나라 사회 환경교육 발전방안 연구.**

한면희(2004). **초록문명론.** 동녘.

한숭희(2001). **민중교육의 형성과 전개.** 교육과학사.

황종건 외(1966). **한국의 사회교육.** 서울: 중앙교육연구소.

Abrams, P.(1982). *Historical Sociology.* New York: Cornell University Press.

Bertrand, Y. & Valois, P. (1992). "École et sociétés." Motreal: Éditions Agence d'Arc.;
Sauve, L. (1996) 재인용.

Carr, E. H.(1961). *What is History?* New York: Vintage; 김택현 역(2006). **역사란 무
엇인가?** 서울: 까치.

Castells, M.(1997). *The Power of Identity.* Blackwell Publishing Ltd.; 정병순 역(2008).
정체성 권력. 한울아카데미.

Crouch, R. C. & Abbot. D. S. (2009). "Is Green Education Blue or Red? State-Level
Environmental Education Program Development Through the Lens of Red- and
Blue-State Politics." *The Journal of Environmental Education,* 40(3). pp.52~62

Disinger. J. F. (1999). "Environment in the K-12 curriculum: an overview." In
*Environmental education teacher resource handbook: a practical guide for K-12
environmental education.* Wilke. R. J.(ed.). New York: Kraus International
Publications. pp.23~43; Mappin & Johnson(2005) 재인용.

Dryzek, J. S. (1997). *The Politics of the Earth : Environmental Discourses.* Oxford
University Press.; 정승진 역(2005). **지구환경정치학 담론.** 에코리브르.

Fien, J. (1993). *Education for the environment: critical curriculum theorizing and environmental
education.* Geelong. Victoria. Australia: Deakin University Press.

Fien, J. & Gough. A. (1996). *Environmental Education.* In R. Gilbert. (Ed.) *Studying
Society and Environment.* pp.200~216.

Finger, M. (1993). *Environmental adult learning in Switzerland.* Occasional Papers Series
No. 2. Center for Adult Education. Teachers College. Columbia University;

Sward. L. L & Marcinkowski. T(1998). In Hungerford. H. R. et al. (Ed.) *Essential readings in Environmental Education.* Champaign. Illinois: Stipes Publishing L.L.C.

Freire, P. & Horton. M. (1990). *We Make the Road the Walking: conversations on education and social change.* Philadelphia: Temple University Press; 프락시스 역(2006). 우리가 걸어가면 길이 됩니다. 아침이슬.

Freire, P. Translated by Ramos. M. B.(1970). *Pedagogy of the oppressed.* New York: Seabury Press; 성찬성 역(1995). 페다고지: 억눌린 자를 위한 교육. 한마당.

Freire, P. (1973). *Education for critical consciousness.* New York: Seabury Press; 채광석 역(1978, 2007). 교육과 의식화. 서울: 중원문화.

Gonzalez-Gaudiano, E. J. (2006). "Environmental education: a field in tension or in transition?" *Environmental Education Research,* 12(1). pp.291~300.

Gough, A. (1997). *The Emergence of Environmental Education: A 'History' of the field. Education and the Environment: Policy. Trends and the Problems on marginalisation.* Australian Council for Educational Research Ltd.

Gough, N. (1987). "Learning with Environments: Towards an Ecological paradigm for Education." In Robottom. I. (Ed.) *Environmental education: practice and Possibility.* Geelong. Victoria: Deakin university Press.

Hart, P. (2003). *Teacher's Thinking in Environmental Education: Consciousness and Responsibility.* Peter Lang Pub Inc.; 최돈형·진옥화·이성희 역(2007). 교사가 생각하는 환경교육: 의식과 책임감. 원미사.

Hill, J. R. (2002). "Pulling Up Grassroots: A study of the right-wing "popular" adult environmental education movement in the United States." *Studies in Continuing Education,* 24(2). pp.181~203.

Holsman, R. H. (2001). "The politics of environmental education." *The Journal of Environmental Education.* 32(2). pp.4~7.

Huckle, J. (1983). "Environmental Education." In Huckle. J. (Ed.) *Geographic education: Reflection and action.* UK: Oxford University Press. pp.99~111; Strife, S. (2010) 재인용.

Huckle, J. (1993). "EE and Sustainability: A view from critical theory." In Fien J. (Ed.). *Environmental education: A pathway to sustainability*. Geelong. Victoria. Australia: Deakin University Press. pp.43~48.

Jickling, B. (2003). "Environmental education and environmental advocacy: Revisited." *The Journal of Environmental Education. 34(2).* 20~27.

Jickling, B. & Spork. H. (1998). "Environmental education for the environment: A critique." *Environmental Education Research,* 4(3). 309-327.

John, H. (1977). "Two Hats." In: Aldrich. J. L.. Blackburn. A. M. and Abel. G. A. (Eds.) *A Report on the North American Regional Seminar on Environmental Education.* Columbus. OH: SMEAC Information Reference Center.

Kiecolt, K. J. (2000). "Self-Change in Social Movements." In: Stryker. S. et al. (Eds.) (2000). *Self. Identity. and Movements*. University of minnesota Press. pp.110~131.

Kuhn, T. S. (1962). *The Structure of Scientific Revolutions*. 2nd Ed. N.Y.: The University of Chicago press.; 조형 역(1994). **과학혁명의 구조**. 서울: 이화여자대학교 출판부.

Lucas, A. M. (1972). *Environment and environmental education: conceptual issues and curriculum implications*. PhD thesis, Ohio State University.

Manen, M. V. (1990). *Researching lived experience: human science for an action sensitive pedagogy*. London, Ontario, Canada: The University of Western ontario.; 신경림, 안규남 역(1994). **체험연구: 해석학적 현상학의 인간과학 연구방법론**. 동녘.

Mappin, M. J. & Johnson. E. A.(Eds.) (2005). "Changing perspectives of ecology and education in environmental education." *Environmental Education and Advocacy*. UK: Cambridge University Press. pp.1~27.

Marotzki, W. (1995). "Forschungsmethoden der erziehugswissenschaftlichen Biographieforschung." Krueger. H. H. & Marotzki. Windfried. (Eds.) *Erziehungswissenschaftliche Biographieforschung*. Weinheim. pp.55~89; 박성희 (2004) 재인용.

McLaren, M. (1993). "Education, not ideology." *Green Teacher*. 35. pp.17~18; Mappin,

M. J. & Johnson. E. A. (Eds.) (2005) 재인용.

Mezirow, J. (1991). **Transformative dimension of adult learning**. San Francisco: Jossey Bass.

Orr, D. W. (2004[1993]). *Earth in mind: on education. environment. and the human prospect.* 10th anniversary ed. Washington. DC: Island Press.; 이한음 역(2009). **학교를 잃은 사회, 사회를 잇는 교육.** 서울: 현실문화 연구.

Padilla, M. (2001). "Environmental Education to environmental sustainability." *Educational Philosophy and Theory,* 33. pp. 217~230.

Palmer, J. A. (1998). *Environmental Education In The 21st Century: Theory. practice. progress and promiss.* London; N. Y.: Routhledge.

Peterson, N, (1982). *Developmental variable affecting environmental sensitivity in professional environmental educators.* unpublished masters thesis. Southern illinois university. Carbondale.; Sward. L. L & Marcinkowski. T. (1998). In Hungerford. H. R. et al. (Eds.) *Essential readings in Environmental Education.* Champaign. Illinois: Stipes Publishing L.L.C. 재인용.

Plant, M. (1995). "The Riddle of Sustainable Development and the Role of Environmental Education." *Environmental Education Research,* 1(3). pp.253~266.

Pyle, R. (2002). "Eden in a vacant lot: Special places, species and kids in the neighborhood of life." In P. H. Kahn & S. R. Kellert. (Eds.) *Children and nature: Psychological, sociocultural and evolutionary investigations.* pp.305~329.

Robottom, I. & Hart. P. (1993). *Reseach in Environmental Education: Engaging the Debate.* Geelong, Victoria, Australia: Deakin University Press.

Salamon, L. & Sokolowski, W. (2004). Meauring Civil Society: Johns hopkins Global Civil Society Index. Salamon, L. (Eds.) *Global Civil Society.* West Hartford: Kumarian.

Sanera, M. (1998). Environmental Education: promise and performance. *Canadian Journal of Environmental Education,* 3. pp.9~26.

Sauve, L. (1996). "Environmental Education and Sustainable Development: A Further Appraisal." *Canadian Journal of Environmental Education.* 1. pp.7~34.

Strife, S. (2010). "Reflecting on Environmental Education: Where is Our Place in the Green Movement?" *Journal of Environmental Education,* 41(3). pp.179~191.

Tanner, T. (1980). "Significant life experiences: a new research area in environmental education." *Journal of Environmental Education,* 11(4). pp.20-24.

Thompson, P. (1988 [1978, 2000]). *The voice of the Past: Oral History. 2nd ed.* Oxford University Press.

Tilbury, D. (1995). "Environmental Education for Sustainability: defining the new focus of environmental education in the 1990s." *Environmental Education Research,* 1(2). pp.195~212.

Turner, R. H. (1969). "The Theme of Contemporary Social Movements." *British Journal of Sociology,* 20. pp.390~405.

월간 환경운동. 1993년 9월호.
시민사회신문. 2008년 6월 5일자 기사.
한겨레. 1990년 10월 2일자 기사.
한겨레. 2008년 5월 13일자 기사.

간디문화센터 홈페이지(gandhinuri.com). 최종방문일 2011년 6월 9일.
국립국어원 홈페이지(www.korean.go.kr). 최종방문일 2011년 3월 30일.
(사)환경교육센터 홈페이지(www.edutopia.or.kr). 최종방문일 2011년 6월 9일.
생태보전시민모임 홈페이지(www.ecoclub.or.kr). 최종방문일 2011년 3월 30일.
아시안브릿지 홈페이지(www.asianbridge.asia/). 최종방문일 2011년 6월 9일.
참길회 홈페이지(www.chamgil.or.kr). 최종방문일 2011년 3월 30일.
환경부 홈페이지(www.me.go.kr). 최종방문일 2011년 3월 30일.
한국환경교육네트워크 홈페이지(www.keen.or.kr). 최종방문일 2011년 3월 30일.

부 록

기 간	주요 진행사항	비고
2009년	**연구문제 탐색, 예비 연구 (※ 연구준비, 제안 단계)**	
~2009년 12월	연구문제의 탐색, 연구 설계	- 연구문제 탐색
	파일럿 구술면담	- 연구 설계 - 예비 연구
2010년	**구술아카이브 구축 (※ 2010년 1~12월, 아름다운재단 아카이브 구축사업의 일환으로 구술면담 및 녹취기록 수행)**	
1월	기록물 수집 정리: 정기간행물, 언론 보도자료 수집 (1990~2000년대) / 구술면담(1회) / 녹취기록 작성	- 자료조사
2월	연구 설계	- 본 연구 설계
3월	연구 설계 / 구술후보자 선정과 섭외 / 전문가 자문회의	- 구술자 섭외
4월	구술면담(4회) / 녹취기록 작성, 현지자료 수집	- 구술자 섭외
5월	잠정적 분석	- 구술면담
6월	구술면담(5회) / 녹취기록 작성, 현지자료 수집	- 현지 자료 수집
7월	구술면담(8회) / 녹취기록 작성, 현지자료 수집	- 구술녹취 기록 작성
8월	구술면담(2회) / 녹취기록 작성, 현지자료 수집	
9월	녹취기록 작성, 현지자료 수집	
10월	구술면담(8회) / 녹취기록 작성, 현지자료 수집	
11월	구술면담(1회) / 녹취기록 작성, 현지자료 수집 / 전문가 자문회의	
12월	구술면담(1회) 종료<총36회> / 녹취기록 작성 완료 <총 888쪽> / 구술자료 잠정적 분석	
2011년	**본 연구: 기술, 분석, 해석**	
1~12월	구술기록의 기술, 분석, 해석	- 본 연구
2~7월	추가면담	- 원고 작성
2012년	**책 발간**	
5~10월	출판기획, 편집, 교정교열	- 도서발간
11월	단행본 발행	

〈부록 2〉 구술기록 기증서 (양식)[54]

공개허가서 No. __________

구술기록 기증서

구술자 성명 ______________ (인)

　상기 본인은 아래 구술 자료(녹음테이프 및 녹취문)를 아름다운재단에 기증하며, 아름다운재단이 필요하다고 판단될 경우 연구목적으로 자료를 공개할 권희을 부여합니다

◦ 아 래 ◦

구 술 내 용					
구술자	성 명		주 소		☎
면담자	성 명		주 소		☎
	소 속		직책		
제 한 사 항					

년　　월　　일

아름다운 재단 귀중

(110-260) 서울시 종로구 가회동 16-3 아름다운재단

02-730-1235, www.beautifulfund.org

---

54) 본 연구의 구술기록은 2010년 1~12월까지 아름다운재단의 공익아카이브 사업으로 수행되어 재단에 기증되었으며, 구술자와 연구자의 동의하에서 공개될 수 있다.

<부록 3> 구술자 신상기록카드 (양식)[55]

구술자 신상기록카드 No. ___________________

구술자 신상기록카드

구술사연구명 : ___________________

자료분류기호 : ___________________

작성년월일　 : ________ 년　　월　　일

성 명	(한글)		(한자)		나이	
주 소	자택			☎		
	직장			☎		
생년월일			출생지		결혼년도	
	관 계	성 명	출생년도	직 업	비 고	
가 족						
기 타						
학 력						
주 요 약 력						

아름다운 재단 귀중

(110-260) 서울시 종로구 가회동 16-3 아름다운재단

02-730-1235, www.beautifulfund.org

---

55) 본 연구의 구술기록은 2010년 1~12월까지 아름다운재단의 공익아카이브 사업으로 수
행되어 재단에 기증되었으며, 구술자와 연구자의 동의하에서 공개될 수 있다.

감사의 글

이 책은 생애경험을 통한 환경운동가, 환경교육운동가들의 기억과 구술로 만들어진 환경교육운동의 과거이자 미래이며, 우리 사회의 소중한 자산이기도 합니다. 무엇보다 자신의 삶과 운동의 경험을 소중한 자산을 만들어주신 29명의 구술자분들께 지면을 통해 감사드립니다.

초창기 환경교육에서부터 생생한 체험을 들려주신 여진구 님, 행복한 운동가의 모습을 보여주신 문창식 님, 따뜻함과 열정으로 가치를 가르치고 아이들을 존중하는 모습을 보여주신 문용포 님, 부드러우면서도 강한 운동가의 모습을 보여주신 김혜애 님, 언제나 운동가의 삶을 의미 있게 생각할 수 있게 해주시는 차수철 님께 감사드립니다. 이분들의 삶의 경험이 환경교육운동을 하고 있는, 하려고 하는 많은 운동가들에게 힘이 될 수 있었으면 좋겠습니다. 또한 환경운동의 길을 터주시고 어쩌면 험한 이 길에서 한결같이 길잡이가 되어 오신 최열 님, 우포늪처럼 따뜻하고 왜가리처럼 멋있으신 이인식 님, 생태적 영성이 이런 것이구나 느끼게 해주신 유정길 님, 누구보다 열정적으로 교육 현장을 일궈 가시는 정병준 님, 수강생에서 이제는 훌륭한 환경교육운동가가 되어 환경교육의 길을 선택한 보람을 느끼게 해주시는 남희정 님, 어떤 험한 곳에서라도 남을 먼저 챙기실 것 같은 김익배 님, 조만간 지역에서 일내실 것 같은 멋지고 씩씩하신 김낙경 님, 묵묵히 언제나 그 자리에 계신 것만으로도 힘이 될 것 같은 정용숙 님, 전업운동가를 꿈꾸는 교사운동가로 넘치는 열정과 에너지를 기꺼이 나눠주시는 오창길 님, 지역 환경운동과 환경교육의 모델을 만들어주신 박완희 님과 신경아 님, 지역에서 꾸준히 환경교육운동을 해 오신 든든한 동지 같은 김경중 님과 양수남 님, 환경교육을 시작하던 때부터 만난 오랜 친구이자 당찬 환경교육가 장인영 님, 부족한 선배이지만 함께 활동할 수 있어 고맙고 든든했던 곽태성 님과 마은희 님, 앞으로 어떤 환경교육운동을 해야 할지 생각하게 해준 서동재 님과 송지은 님에게 감사드립니다. 또한 환경교육학자로서 오랜 시간 꾸준히 척박한 길을 걸어오신 최석진 님, 환경교육가와 연구자들에게 든든한 길잡이가 되어주시는 남상준 님, 운동하는 연구자의 모습을 보여주신 김인호 님, 환경교육의 든든한 후원자가 되어 오신 서승만 님, 운동의 지나온 역사를 일목요연하게 애정 어린 시선에서 촘촘히 명쾌하게 재현해주신 조홍섭 님께도 진심어린 감사의 마음을 전합니다. 환경교육운동의 현장에서 삶으로 가치를 실현해가는 분들과의 만남은 더없는 행운이자 축복이었습니다. 한 분 한 분의 삶이 소중한 울림이 되었습니다.

이런 광범위한 연구를 가능하게 해준 아름다운 재단에 감사드립니다. 아름다운 재단과 이름 모를 1% 기금후원자분들은 소외된 역사를 공익적 기록물로 만들 수 있게 해주셨습니다. 앞으로도 많은 분들의 아름다운 나눔이 헛되지 않도록 소중한 기록물들을 공유하는 공익적 연구 활동을 해나가도록 노력하겠습니다.

마지막으로 제가 경험한 환경운동과 환경교육운동의 현장에는 누구보다 따뜻하고, 아름답고, 열정적이고, 개성 있고, 강직하고, 섬세한 활동가들이 있었습니다. 특히 송상용 교수님, 이대형 교수님, 서주원 원장님을 비롯해 환경교육 현장을 누벼온 환경교육센터 활동가들과 회원분들, 임원분들에게 고마움과 존경의 마음을 전합니

다. 덕분에 환경교육센터에서의 시간이 소중한 기억으로 남아 있습
니다. 또한 일일이 열거할 수가 없지만 많은 어려움 속에서도 묵묵
히 지구환경을 지켜주고 계신 전국의 환경운동가, 환경교육운동가,
환경교육가 분들에게 감사와 응원의 마음을 전합니다.

"당신이 있기에 운동이 있습니다." 감사합니다.

기획 : (사)환경교육센터

2000년 1월 창립된 (사)환경교육센터는 우리나라에선 최초로 설립된 사회 환경교육 전문기관입니다. 지구의 벗 환경운동연합의 협력 기관으로, 유아부터 어린이, 청소년, 어른, 지도자에 이르기까지 다양한 대상과 주제별 환경 교육을 통해 환경의 소중함을 전하고 있습니다. 주요 사업으로는 소외계층 환경교육지원, 환경교육활동가양성, 시민환경지도자 양성, 사회 환경교육 기반연구, 교재교구와 프로그램 개발, 국내외 환경교육네트워크 구축 등이 있습니다. 현재 강마을환경배움터, 남이섬환경학교, 도봉환경교실, 판교생태학습원 등의 교육장을 운영하고 있습니다.

글 : 장미정

지금은 친환경마을로 제법 알려진 충남 홍성에서 태어나 자랐습니다. 대학에서 환경학을 전공하고 졸업 후 건설 회사에서 환경 연구원으로 일한 적도 있습니다. 대학원에서 환경 교육을 공부하면서 지속가능한 사회를 위한 환경교육에 관심을 갖게 되었습니다. 이후 (사)환경교육센터에서 활동해 왔고, 최근에는 '환경교육운동의 정체성과 형성과정'에 관한 논문으로 박사학위를 받았습니다. 현재 (사)환경교육센터 부소장, 한국외대 강사(교직, 환경교육)로 활동하고 있습니다.

지은 책으로 〈환경아, 놀자〉(대표집필), 〈지구사용설명서〉(공저), 〈깨끗한 물이 되어 줘!〉, 〈맑은 공기가 필요해!〉가 있고, 옮긴 책으로 〈내 친구, 지구를 지켜 줘!〉, 〈북극곰 윈스턴, 지구온난화에 맞서다!〉, 〈쓰레기 아줌마와 샌디의 생태발자국〉 등이 있습니다.

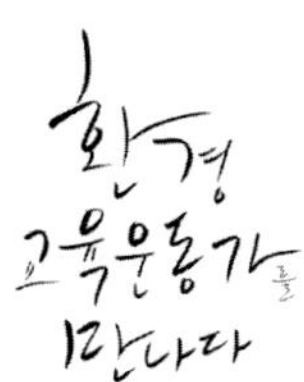

초 판 인 쇄 | 2012년 12월 17일
초 판 발 행 | 2012년 12월 17일

지 은 이 | (사)환경교육센터 기획 · 장미정 글
펴 낸 이 | 채종준
펴 낸 곳 | 한국학술정보㈜
주　　소 | 경기도 파주시 교하읍 문발리 파주출판문화정보산업단지 513-5
전　　화 | 031) 908-3181(대표)
팩　　스 | 031) 908-3189
홈 페 이 지 | http://ebook.kstudy.com
E-mail | 출판사업부　publish@kstudy.com
등　　록 | 제일산-115호(2000. 6. 19)

ISBN　　978-89-268-3974-4-13530 (Paper Book)
　　　　 978-89-268-3975-1-15530 (e-Book)

이담 Books 는 한국학술정보(주)의 지식실용서 브랜드입니다.